JULIUS TRÖGER

Die Ausstellung zum Thema „Naturwissenschaftler und bildende Kunst“ findet im ersten Quartal des Jahres 2026 im Universitätsarchiv der Universität Leipzig, Prager Straße 4–6, 04103 Leipzig, statt.
Neben den Themen im Buch „Julius Tröger. Ein Chemiker widmet sich antiken Schriften und der Malerei – eine biografische Skizze“ werden in der Ausstellung auch wissenschaftliche und künstlerische Arbeiten folgender Wissenschaftler gezeigt: Ernst Haeckel, Wilhelm Ostwald, Hans Kautsky und Arndt Simon. Eine Begleitbroschüre zur Ausstellung wird bei der Eröffnung über die Homepage der Wolfgang Johannes Hönle-Stiftung mit dem QR-Code und in gedruckter Form zugänglich sein. Bitte folgen Sie dem Hinweis auf der Homepage.

Die Ausstellungskonzeption
erfolgte in Zusammenarbeit mit

UNIVERSITÄT
LEIPZIG

Wolfgang Johannes Hönle-Stiftung
Kunst und Chemie

GDCh
Gesellschaft
Deutscher Chemiker

Lothar Beyer

# JULIUS TRÖGER

## Ein Chemiker widmet sich antiken Schriften und der Malerei – eine biografische Skizze

PASSAGEVERLAG

# Inhalt

# Einführung

Julius Tröger (1862–1942)[1] hat als Chemiker Bleibendes geschaffen. Eine von ihm bei der Durchführung von chemischen Experimenten im Rahmen seiner Dissertation an der Universität Leipzig[2, 3] erstmals synthetisierte, vielseitig strukturchemisch interessante Verbindung wurde später als „Trögersche Base" mit seinem Namen versehen und in der Fachwelt bekannt. Sie beschäftigt noch bis heute mehrere internationale Arbeitsgruppen, die sich mit deren Derivatisierung und der Strukturaufklärung von Folgeprodukten befassen. Julius Tröger selbst hatte sich nach seiner 1887 abgeschlossenen Promotion und der darauf folgenden Anstellung am Pharmazeutischen Institut der Technischen Hochschule Braunschweig im Jahre 1888 anderen Gebieten der organischen Synthesechemie und pharmazeutisch interessierenden Inhaltsstoffen von Pflanzen zugewandt und die Ergebnisse in zahlreichen Fachpublikationen veröffentlicht. Die Übersichtspublikation „Über die Alkaloide der Angosturarinde"[4] (1929) fasst seine grundlegenden Arbeiten zu diesem Gebiet eindrucksvoll zusammen.

Schon während seiner langjährigen beruflichen Tätigkeit als Professor an der Technischen Hochschule Braunschweig und verstärkt gegen deren Ende 1928 und im folgenden Emeritusstand wählte er für eine weitere sinnvolle, intellektuell inspirierende, manuell und künstlerisch anspruchsvolle Tätigkeit zwei Schwerpunkte seines Schaffens: Kulturgeschichte der Medizin und der frühen Naturwissenschaften und die Bildende Kunst mit selbst gefertigten Aquarell- und Ölgemälden. Zu diesen beiden von ihm bearbeiteten Gebieten ist bisher kaum etwas bekannt geworden[5], und deshalb will diese Schrift in gebotener Kürze darauf aufmerksam machen, um damit das Bild über ihn abzurunden.

Julius Trögers Intention zur Beschäftigung mit der Kulturgeschichte der Medizin und Naturwissenschaften war es, seinen Fachkollegen Pharmazeuten, darunter besonders auch den praktisch tätigen Apothekern, durch Erschließung, Wiedergabe und damit Bekanntmachung von Rezepturen aus dem alten Ägypten, Griechenland und dem Römischen Reich, Anregungen für ihre nützliche Tätigkeit zur Gesundung der Menschen, fernab von der damals aktuellen Universitätsmedizin und Pharmazeutik, zu vermitteln und den Chemikern alte Erkenntnisse zu Metallen, Legierungen, chemischen Synthesen und Arbeitsmethoden aufzubereiten und zugleich Anekdoten aus dem Wirken früher Chemiker zur Erbauung seiner Berufskollegen zu berichten.

Dass Chemie und Malerei eine besondere Beziehung zueinander haben und sich wechselseitig befruchten, ist bekannt und lässt sich zahlreich belegen. Der bildende Künstler benötigt Farbstoffe und Farbstoffkombinationen, die in der Natur vorkommen oder vom Chemiker präpariert werden. Die „Symmetrie" ist für die Chemie/den Chemiker ursächlich für die Strukturbildung von Molekülen und Festkörpern und deren Ermittlung. Für den Maler ist sie ein wesentliches gestalterisches Element. Nicht zufällig sind so auch „Doppelbegabungen" bekannt im Sinne, dass herausragende Chemiker zugleich bedeutende Kunstmaler waren bzw. ansehnliche

Gemälde und Zeichnungen geschaffen haben, wie zum Beispiel Wilhelm Ostwald (1853–1932) oder Hans Kautsky sen. (1891–1966).

Julius Tröger hat sich intensiv mit der Geschichte von Farben befasst, wie auch seine Publikation „Über die von den Alten in Kunst und Gewerbe benutzten Farben" (1931)[6] ausweist. Der als Autodidakt nachmalig bedeutende bildende Künstler, Gustav Hermann Hamann (1868–1933)[7] war sein Schwager, der Mann seiner jüngeren Schwester Margaretha (1867–1918). Das Ehepaar wohnte in Weimar, und Julius Tröger lebte unverheiratet in Braunschweig. Die nachweislich existierenden Kontakte zwischen beiden, Hamann und Tröger, mögen Letzteren mit veranlasst haben, sich ebenfalls der Malerei zuzuwenden. Die ersten erhalten gebliebenen Aquarelle von Julius Tröger gehen auf das Jahr 1906 zurück. Auch später hat er sich der Malerei mit autobiografischen Akzenten und dieser dann besonders im Altersruhestand zugewandt.

Über den Lebenslauf, die wissenschaftliche Ausbildung, die Tätigkeit an der Technischen Hochschule Braunschweig und die wissenschaftlichen Leistungen von Julius Tröger haben Lothar Beyer und Lothar Hennig sehr ausführlich berichtet[8, 9]. Deshalb konzentrieren wir uns in dieser Schrift nach einer kurzen Zusammenfassung seiner *vita* und seines chemischen Werkes auf das Alterswerk von Julius Tröger. Für die Würdigung der kulturhistorisch-naturwissenschaftlichen Arbeiten beziehen wir uns auf seine Publikationen[6, 10-17] und bezüglich seiner bildkünstlerischen Werke auf vorhandene Originale sowie eine Sammlung in Privathand[18].

**Abb. 1** Julius Tröger

| | |
|---|---|
| **1862** | geboren am 10. Oktober in Leipzig<br>Vater: Carl Friedrich Tröger, Fabrikant einer Leipziger Essigsäure-Manufaktur<br>Mutter: Louise-Amalie Wilhelmine Tröger geb. Müller<br>Schwester: Margaretha (*1867)<br>Wohnung: Hohe Straße 33 in Leipzig |
| **1873** | Besuch der 1. Bürgerschule in Leipzig, danach Realgymnasium |
| **1882** | Abitur |
| **1882/83** | Militärpflicht (einjährig freiwillig) |
| **1882–1888** | Chemiestudium an der Universität Leipzig |
| **1887** | Promotion am Chemischen Laboratorium, Doktorvater: Ernst von Meyer |
| **1887/88** | Assistent bei Ernst von Meyer in dessen Chemischem (Privat-)Laboratorium |
| **1888–1891** | 2. Assistent am Chemisch-Pharmazeutischen Laboratorium der TH Braunschweig bei Geheimrat Robert Otto |
| **1891** | Habilitation an der TH Braunschweig über „Einwirkung von trockenem Salzsäure- sowie Bromwasserstoffgas auf flüssiges Dicyanäthyl" |
| **1892** | 1. Assistent am Pharmazeutisch-chemischen Laboratorium der TH Braunschweig |
| **1894** | Ernennung zum Privatdozenten für allgemeine Chemie |
| **1899** | Ernennung zum a. o. Professor für allgemeine Chemie |
| **1914–1918** | Heeresdienst: Beförderung zum Hauptmann, Ritterkreuz II. Klasse |
| **1920** | planmäßiger a. o. Professor, Abteilungsvorstand |
| **1928** | Emeritierung |
| **1942** | gestorben am 29. Juli in Braunschweig, unverheiratet und kinderlos |

# Der Chemiker

von Lothar Beyer

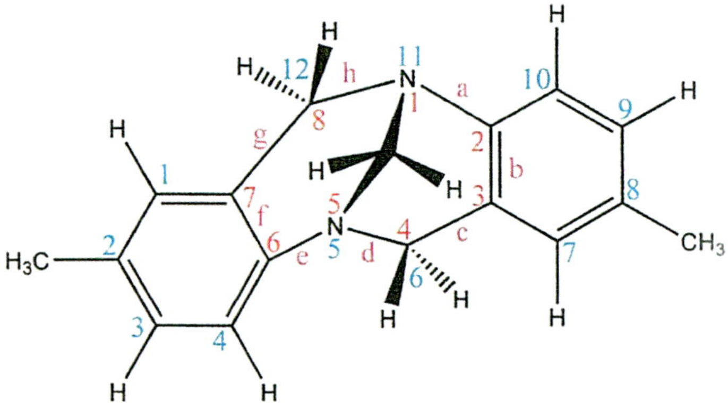


2,8-Dimethyl-6H,12H-5,11-methano-dibenzo[b,f][1,5]diazocin

**Abb.** 2 Formelbild der Trögerschen Base

## Die Trögersche Base

Der Name Julius Tröger ist und bleibt untrennbar verbunden mit der erstmaligen Synthese, Isolierung und elementaranalytischen Charakterisierung einer neuen chemischen Verbindung, die heute in exakter chemischer Nomenklatur als 2,-Dimethyl-6H,12H-5,11methano-dibenzo[b,f][1,5]diazocin (Abb. 2) bezeichnet wird.

Julius Tröger synthetisierte sie aus den beiden Edukten Paratoluidin und Formaldehyd – beide Substanzen waren leicht zugänglich – in konzentriert salzsaurem Milieu und arbeitete das Produkt auf, reinigte es in üblicher Weise und schrieb: *„Die Base scheidet sich hierbei entweder in einem Filz rein weisser Nadeln oder in haarfeinen, langen, sternförmig gruppirten Krystallen vom Schmelzpunkt 134° ab. Sie ist in heißem Alkohol, kaltem Aether, Chloroform, Benzol, Aceton etc. leicht löslich, in heissem Wasser dagegen unlöslich. Mit verdünnten Säuren bildet sie in Wasser unlösliche Salze… Die Analysen lieferten Werthe, welche auf die Zusammensetzung $C_{17}H_{18}N_2$ hinführen"*[3, S. 228].

Damit hatte Tröger eine neuartige Verbindung von besonderem, strukturchemischem Interesse eindeutig mittels exakter reproduzierbarer Versuchsbeschreibung, korrekter Elementaranalyse, Habitus und Schmelzverhalten charakterisiert und durch Veröffentlichung in der Fachzeitschrift „Journal für praktische Chemie" der chemischen Öffentlichkeit zugänglich gemacht. Er konnte nicht ahnen, dass diese neuartige chemische Verbindung 57 Jahre später – 1944 (Tröger war 1942 verstorben) durch Vladimir Prelog (1906–1998) in ihre Enantiomeren (optische Antipoden) – erstmalig bei zwei asymmetrisch substituierten pyramidalen N-Atomen – aufgetrennt wurde[19] (Abb. 3), wofür diesem im Jahre 1975 auch dafür der Nobelpreis für Chemie zuerkannt wurde.

Es handelt sich nämlich bei der Trögerschen Base um eine „chirale" Verbindung mit zwei asymmetrisch substitutierten, pyramidalen Stickstoffatomen. Chirale Moleküle existieren als Bild und Spiegelbild, die durch Translation oder Rotation nicht zur Deckung gebracht werden können. Jedenfalls eröffnete diese neuartige Verbindung das Tor zu vielen ähnlichen organisch-chemischen Verbindungen, die in Arbeitskreisen in aller Welt noch heute bearbeitet werden[20].

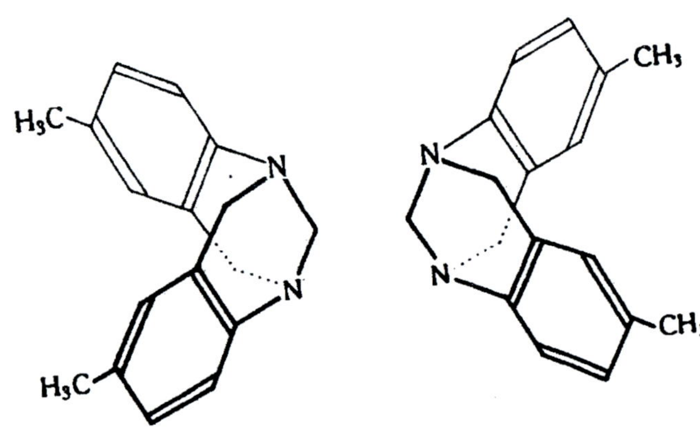


**Abb.** 3 Enantiomere der Trögerschen Base

## Organische Synthesechemie

Julius Tröger war ein sehr produktiver Synthesechemiker. Davon allein zeugen die etwa 150 wissenschaftlichen Publikationen in renommierten Fachzeitschriften, wie dem „Journal für praktische Chemie", in dem er selbst redaktionell mitwirkte, dem „Archiv der Pharmazie", dem „Journal of the Chemical Society" und der „Pharmazeutischen Zentralhalle für Deutschland". Sie sind vollständig referiert[21], und wir verzichten in dieser Publikation darauf, sie hier zu kommentieren.
Die Schwerpunkte für die Synthese bezogen sich vornehmlich auf die die Pharmazie interessierenden Produkte, das sind vor allem stickstoffhaltige organische Verbindungen, wie Hydrazone, Hydrazinsulfonsäuren und arylsubstituierte Nitrile, Diazoverbindungen, Triazine, Chinolin- und Chinaldin-Derivate und Abkömmlinge. Ein weiterer Schwerpunkt war die Synthese und das Reaktionsverhalten schwefelhaltiger organischer Verbindungen mit Sulfonen, Sulfonsäuren, Arythiosulfonsäuren, arylsulfonierten Amiden und Thiophenolen. Dabei waren Kondensationsreaktionen bevorzugt, für die er bereits in seiner Promotionszeit Erfahrungen gesammelt hatte.

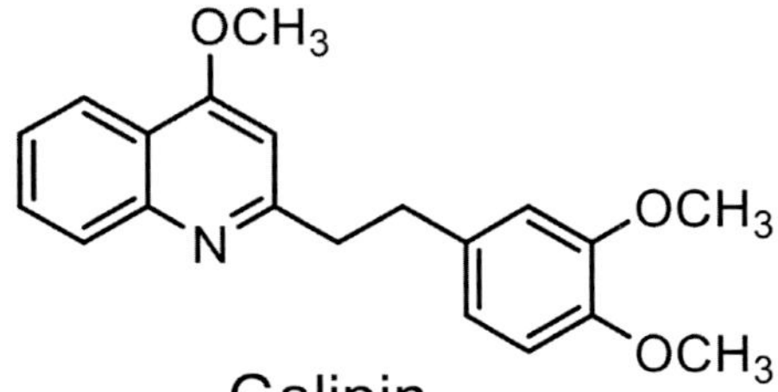


Galipin
$C_{20}H_{21}NO_3$

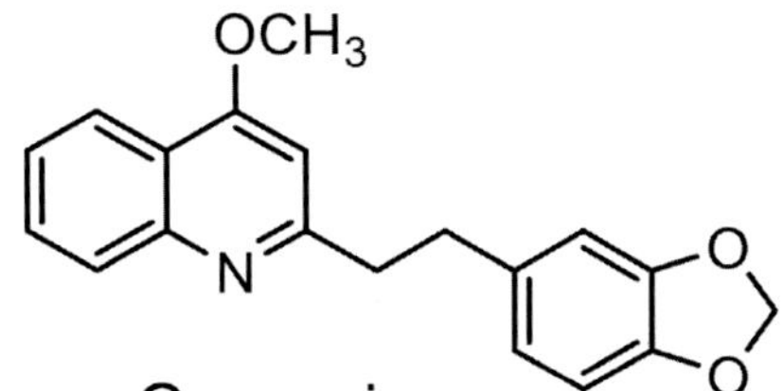


Cusparin
$C_{19}H_{17}NO_3$

Abb. 4 Inhaltsstoffe der Angostura-Rinde

## Inhaltsstoffe der Angostura-Rinde

Wie erwähnt[4], befasste sich Julius Tröger anfangs zusammen mit seinem Mentor Heinrich Beckurts (1855–1929) und später mit seinen Mitarbeitern mit etherischen Ölen, die aus der Rinde des in Südamerika beheimateten Angostura-Baumes extrahiert wurden. Der Baum ist nach der venezolanischen Stadt „Angostura" benannt, die heute den Namen „Ciudad Bolivar" trägt. Tröger und Beckurts isolierten daraus als wesentliche Inhaltsstoffe die Alkaloide Galipen und Cusparin (Chinolin-Derivate) (Abb. 4) und bestimmten in damals mühsamer Arbeit deren Zusammensetzung und Struktur – eine Meisterleistung. Die getrocknete Rinde des Angostura-Baumes dient als Rohstoff für die Gewinnung des „Angosturabitters", der als Bitterstoff vielseitig in Getränken, Desserts, Saucen und zum Aromatisieren verwendet wird. 1924 bestätigten Ernst Späth mit Otto Brunner durch Totalsynthese von Cusparin[22a] die von Tröger/Beckurts zugeordnete Struktur und mit Einschränkung bezüglich der Substituenten-Positionen die von Galipin[22b].

## Lehre als Hochschulprofessor

Als Hochschullehrer an der Technischen Hochschule Braunschweig erwarb sich Julius Tröger neben der Lehre in organischer Chemie und der Betreuung von Doktoranden besondere Verdienste bei der Ausbildung zukünftiger Apotheker in der analytischen Chemie. Diese seine Tätigkeiten wurden anlässlich seines Übergangs in den Ruhestand in der Braunschweigischen Landeszeitung mit folgenden Worten gewürdigt: *„Groß ist die Zahl der theils aus der Pharmazie, theils aus der Chemie hervorgegangenen Studenten, die unter seiner Anleitung die Doktorarbeit angefertigt haben, ... die große Zahl von Apothekern in der analytischen Chemie ist von Herrn Tröger ausgebildet worden"*[23].

# Studien zur Kulturgeschichte der Medizin, Naturwissenschaften und Farben

von Lothar Beyer

Abb. 5 Plinius der Ältere

Ein über viele Jahre als Professor für Chemie in der Forschung experimentell tätig gewesener Wissenschaftler, der die durch seine Lehrtätigkeit und die von ihm gewonnenen Erkenntnisse und Erfahrungen in Theorie und Praxis als Hochschullehrer an Studenten vermittelt hat, möchte nicht abrupt aufhören, sich mit seiner Wissenschaft zu befassen. In der Regel steht ihm nach dem Übergang in den Ruhestand die Laborpraxis samt Mitarbeitern nicht mehr zur Verfügung. Durch das Befassen mit der Geschichte seiner Wissenschaft eröffnet sich jedoch die Möglichkeit, weiterhin aktiv zu wirken und zur Erkenntnis des Fachgebietes und zur Wissensvermittlung an Interessierte beizutragen. So mag man das innerhalb eines Zeitraumes von ca. fünf Jahren sehr intensive Eindringen von Julius Tröger in die frühe Geschichte der Medizin und Naturwissenschaften verstehen und nachvollziehen. Sicherlich ist dabei auch das spezielle Langzeit-Interesse an der Geschichte der „Alten" eine fördernde Motivation, früher meist verbunden mit der Kenntnis der alten Sprachen (Latein, Griechisch), erworben in der humanistischen Bildung zu Beginn des vorigen Jahrhunderts und davor. Es verwundert, dass von Tröger nach dem Jahre 1932 in den folgenden Jahren keine diesbezüglichen Publikationen mehr erschienen sind. Das mag mit einer von ihm gesetzten, zeitlich begrenzten Schwerpunktsetzung der Tätigkeit und damit der verstärkten Hinwendung zur Malerei im Zusammenhang stehen.

Aus der Analyse der Publikationen[6, 10–17] von Julius Tröger zu dieser Thematik fällt das sehr häufige Zitieren von Gaius Plinius Secundus, bekannt als PLINIUS DER ÄLTERE (* 23 oder 24 u. Z. in Novum Coman, Como. † August/September 79 u. Z. in Stabine am Golf von Neapel im Alter von 55 Jahren im Zusammenhang mit einem heftigen Ausbruch des Vulkans Vesuv), auf (Abb. 5). Julius Tröger hat sich intensiv mit dessen vollständig erhalten gebliebenem Opus Magnum, der 37 Bände und 2.493 Kapitel mit ca. 500 Autoren zitierten Autoren umfassenden Enzyklopädie zur Naturkunde, „NATURALIS HISTORIA" (Abb. 6) befasst und daraus exzerpiert, ohne dies durch konkrete Zitate (Kapitel, Seitenzahlen) exakt auszuweisen. In dieser Enzyklopädie fasste Plinius der Ältere das gesamte damalige Wissen über die Natur um 50 u. Z. zusammen. Es enthält die Erkenntnisse bekannter griechischer und römischer Autoren, deren überlieferte Handschriften Plinius der Ältere ausgewertet hatte. „Die Enzyklopädie befasst sich mit den Themenbereichen Kosmographie (Buch 2), Geographie (Buch 3–6), Anthropologie (Buch 7), Zoologie (Buch 8–11), Botanik (Buch 12–19), Medizin (20–32), Metallurgie und Mineralogie sowie Malerei und Kunstgeschichte (Buch 33–37)."[24]. Zahlreiche andere Autoren der Antike, wie HIPPOKRATES (460–364 v. u. Z.)

und ARISTOTELES (384–322 v. u. Z.), werden von Julius Tröger im Zusammenhang mit betreffenden Sachverhalten namentlich genannt. Tröger kommt es offenbar in erster Linie auf die Wiedergabe der Rezepturen, der Prozesse, der Beschreibung der Stoffe, deren Wirkung etc. an, und er lässt den Leser damit wissen, dass dies im Kontext wichtiger ist als die exakte Quelle, zumal die wahre Urheberschaft ohnehin meist im Dunkeln bleibt. Noch vor Trögers Studium der Naturalis Historia in den 30er Jahren des vorigen Jahrhunderts gab es schon Übersetzungen des Gesamtwerkes aus dem Lateinischen ins Deutsche[25]. Eine zweite wichtige und oft zitierte Quelle für die von Julius Tröger ausgewählten Exzerpte ist der PAPYRUS EBERS (Abb. 8), den der von 1870 bis 1889 als Professor für Ägyptologie an der Universität Leipzig tätige gewesene GEORG EBERS (1837–1898) (Abb. 7) in Luxor 1872 käuflich für die Universität Leipzig erworben hatte. Der sächsische König Johann der Gelehrte (1801–1873), der das Schulwesen und die Landesuniversität Leipzig besonders förderte und Sachsen zum modernsten deutschen Teilstaat in der damaligen Zeit entwickelte, stellte dafür 15.000 Taler zusätzlich zu den 25.000 Talern der Universität Leipzig für den Ankauf zur Verfügung. Der Papyrus Ebers befindet sich seit dieser Zeit in der Bibliotheca Albertina, der Universitätsbibliothek Leipzig. Die Schriftrolle ist nach Angabe von Tröger[12] 20 cm breit und

Abb. 6 Naturalis Historia

Abb. 7 Georg Ebers

Abb. 8 Papyrus Ebers

20,23 m lang und ist die älteste erhaltene Papyrusschrift. Sie stammt aus der Mitte des 16. Jh. v. u. Z. und ist ein medizinisches Kompendium, das über Symptome, Diagnostik, Krankheiten, Therapien, Heilmittel berichtet und als Ratgeber für Ärzte diente. Während des 2. Weltkrieges wurde die Schriftrolle wegen der Bombardements auf Leipzig zur Sicherung in das Schloss Rochlitz/Mittelsachsen ausgelagert, wobei Beschädigungen entstanden sind.

## Heilmittel und Nutzpflanzen im Altertum und deren Gebrauch

### Heilmittel

In der 1930 publizierten Schrift „Über Heilmittel und Heilkunde im Altertum"[12], die in zwei Teilen abgedruckt wurde, befasste sich Tröger eingangs mit der Stellung und dem Ansehen der Ärzte im Rom zur Zeit des Plinius („Plinius entwickelt in seinen Büchern einen gewaltigen Hass gegen die Ärzte seiner Zeit"[12, S. 66]). Sie besaßen nach Plinius keinen Gemeinsinn und trachteten nach Reichtum und Ansehen. Tröger belegte diese Einschätzung des Plinius durch zahlreiche Beispiele aus der Historia Naturalis, und er rühmte die heilkundigen Priester des alten Ägypten, die Heilmittel nach Maß und Gewicht bereiten konnten und dabei die erforderlichen Techniken (Destillieren, Schmelzen, Sieben etc.) beherrschten sowie über geeignete Gerätschaften verfügten. Die alten Griechen übernahmen die hohe Kunst der Medizinwissenschaft von den Ägyptern. Tröger nannte einige Behandlungsmethoden, die im alten Rom angewandt wurden, offenbar auch mit der Absicht eines Vergleichs mit denen seiner Zeit, wie z.B. die Kaltwasserbehandlung, die Anwendung der Diät als Hilfsmittel bei der Krankenheilung (Enthaltsamkeit von Wein), das Frottieren des Körpers nach dem Bade, das „Lustwandeln" bei Sonnenschein als Bewegungstherapie bei Kranken u. a. Tröger berichtet auch über aus heutiger Sicht sonderbare Heilmethoden, so z.B. eine nach dem Lauf der Sterne verordnete Diät. Geschwüre wurden vom Arzt unter Betäubung durch Verwendung der Alraunwurzel ausgeschnitten. Kurz darauf musste der Operierte Schlangen essen, was zur raschen Heilung beitrug. Tröger berichtet, dass Ärzte im alten Rom schon Rezeptbücher besaßen und dass sogar Hausapotheken im alten Ägypten, z.B. bei der Königin MENTUHOTEP (11. Dynastie) nicht ungewöhnlich waren. Einen breiten Raum widmet Tröger den im Papyrus Ebers aufgeführten Beschreibungen von zahlreichen Krankheiten im alten Ägypten und den zu ihrer Behandlung vorgeschlagenen Heilmitteln. Er hebt hervor, dass „Gänseschmalz" ein beliebtes Ingredienz zu ihrer Herstellung war, dass Rizinus als Abführmittel benutzt wurde, indem die Samen des Rizinusbaumes mit Bier zusammen verabreicht wurden, wie auch Salböle eine beachtliche Rolle bei Behandlungen spielten. Meerzwiebel dienten als Brechmittel, Präparate aus Mohnkapseln und Wespenkot dienten dem Eindämmen des „Schreiens" bei Kindern; Hanf wurde zur Bereitung von „Fröhlichkeitspillen" verarbeitet, die nach der Mahlzeit die Tischrunde in angenehme Stimmung brachten (und mit der leider freigegebenen Cannabis-Abgabe vergleichsweise aktuell sind). Plinius empfahl Mittel aus Wurzeln des Farns zusammen mit Honig gegen Bandwürmer. Gegen „Gürtelrose" half Wegerich mit Kreide oder Taubenkraut u.a. Einen größeren Abschnitt widmete Tröger der Anwendung des „Kaiserschnitts" bei der Geburt, wobei im Regelfall die Mutter verstarb, dies für das Kind jedoch eine gutes „Omen" bedeutete. Im Zusammenhang mit Augenkrankheiten werden von Plinius, wie auch im Papyrus Ebers, verschiedene operative „Stiche" genannt, zugleich aber auch die Anwendung von Augensalben (mit Zusätzen von Grünspan, Kupfervitriol) hervorgehoben. Man konnte auch Eintrübung der Augen durch Behandlung mit „Blähkraut" verzögern und zugleich eine Erweiterung der Pupillen, dies auch mit dem Saft von Harzwolfsmilch, erzeugen. Bei „Triefaugen" benutzte man mit Honig verriebenen Wermut und Salben, besonders „Riechsalben" und „Räuchermittel", deren Zubereitung mit zahlreichen Beispielen belegt werden. Riechsalben waren auch deshalb begehrt, weil sie Ersatz für mangelnde Reinlichkeit und damit verbundene üble Körpergerüche sein konnten. Diesem eher auf Kosmetik zielenden Abschnitt schlossen sich Angaben über Rezepturen für „Augenschminken" an, die aus Zusätzen von Kupferoxid, Bleisulfid oder

Antimonsulfid, gemischt mit Kohlepulver (schwarze Schminken) oder gepulvertem Lapis lazuli (blau) oder Malachit bzw. Grünspan (grün) bei den alten Ägyptern bereitet wurden. Mit einer eher kosmetischen Zielstellung befassen sich auch die angegebenen alten Rezepturen zur Erhaltung des Haarwuchses und zur Entfernung von unerwünschten Haaren an Körperstellen, denn beide Aspekte scheinen bei den Römern eine beachtliche Rolle eingenommen zu haben. So sollen „Glatzen" durch Einreiben mit Mäusedreck und Fliegenköpfen oder durch Fliegenasche mit Nussasche Erfolge gebracht haben, wie auch nach Plinius die Einreibung mit der Asche von drei verbrannten Fröschen. Schließlich widmet sich Tröger noch sehr ausführlich den verschiedenen Methoden und Mitteln des Einbalsamierens von Verstorbenen zur dauerhaften Mumifizierung. Diese Behandlungsmethoden wurden auch dem Papyrus Ebers entnommen.

**Nutzpflanzen**

In der Antike setzte man für die Bedürfnisse des menschlichen Lebens auf die zur Verfügung stehenden Produkte, die aus dem natürlichen näheren und weiteren Umfeld stammten. Die elementaren menschlichen Bedürfnisse sind Nahrung, Kleidung, Wohnung und Kommunikation. Julius Tröger betitelte seine Betrachtungen zur Kulturgeschichte der Pflanzen: „Über einige im Altertum zu gewerblichen Zwecken verwendete Pflanzen"[14], die sehr ausführlich in vier Folgen abgedruckt sind. Nachdem die besondere geschichtliche Bedeutung des „Pergaments" für das Schrifttum in der Antike anhand zahlreicher Quellen erläutert wird, schreibt er: *„Im Nachstehenden will ich nun, soweit das mir zu Gebote stehende Quellenmaterial es erlaubt, die Kenntnis der Alten über die Papier- und Linnenbereitung und die hierzu erforderlichen Rohstoffe, die Papyrusstaude und den Flachs, anschließend daran die Brot-, Bier- und Weinbereitung sowie die Getreidearten und den Wein, die zu letzterem Gewerbe nötig, besprechen"*[14, S. 594]. Die multiple Nutzung der „Papierstaude" (Cyperus papyrus), die in den Sümpfen des Nils gedeiht, mit der Wurzel als Brennmaterial und für Haushaltgegenstände, der Staude zum Flechten von Booten und schließlich dem Bast der Staude für Papier, Kleider, Matten, Segel, Stricke und schließlich nach dem Kauen zur Einnahme des Saftes übertrifft bei weitem die von Flachs, die bei den alten Ägyptern zu Leinwand und Wolle verarbeitet wurde. Breiten Raum widmet Tröger der Besprechung der Pergamentbereitung, die man aus den dünnen Basthäutchen durch Längs- und Queraufeinanderlegen zu einem Geflecht verband, das mit Nilwasser verklebt wurde. Das Geflecht in Form von Bogen und gerollt, wurde an der Sonne getrocknet. Nach Plinius wurden auch andere spezielle Kleister aus angesäuertem Brot verwendet. So wurde die Qualität der Papiere kontinuierlich verbessert, so dass sie mit unterschiedlich farbigen Schriftzeichen versehen werden konnten, die sich über die Jahrhunderte hinweg erhalten haben. In ebenso ausführlicher Weise beschreibt Tröger die Leinenherstellung aus Flachs, die in unterschiedlichen geografischen Gebieten hergestellt, spezielle Eigenschaften aufwies: In Germanien wurde Leinen in unter der Erde gelegenen Werkstätten produziert; das hispanische Leinen hatte einen wunderbaren Glanz und war von vorzüglicher Reinheit, später als Batist, dem Kammertuch, bekannt; das ägyptische Leinen war von geringer Festigkeit, und Alexander der Große benutzte gefärbte, aus Leinen gefertigte Segel. Die alten Ägypter konnten sehr dünne Leinengewänder herstellen, die die Körperformen betonten. Nach Plinius galt als erste Leinensorte der Asbest, weil dieser mineralische Stoff, ein Silicat, unbrennbar war. Er wurde zu Tafeltüchern und Totenkleidern verwebt.

Ausführlich äußerte sich Tröger zu den im alten Ägypten und im alten Rom angebauten und bevorzugten Getreidesorten, zu Roggen, das wegen seines bitteren Geschmacks nur zur Abwehr des Hungers diente, dem Hafer, den nach Plinius die Völker Germaniens bevorzugten. Reis spielte nur eine untergeordnete Rolle, dagegen hält er die Gerste und Dinkel, das sehr widerstandsfähig sei, für häufig angebaute Sorten. Italien erzeuge den besten (Kolben-) Weizen, der sich vorzüglich zu Brot verarbeiten ließe. Überhaupt beschreibt Tröger die unterschiedliche Aufbereitung der Getreidearten in der Antike und detailliert die Gewinnung z.B. von Gries aus Gerste durch Anfeuchten, Trocknung, Rösten und Mahlen[14, S. 613]. Ein umfangreicher Abschnitt widmet sich der Bereitung von „Brot"[14, S. 628–630] in allen möglichen Varianten, wobei die Herstellung des „Sauerteigs" in Verfahren beschrieben wird, die bei den Ägyptern, Griechen und Römern unterschiedlich gehandhabt wurden. Das „Bier" war bereits im alten Ägypten bekannt, wo man es aus Gerstenschrot mit Hefe und Wasser gären ließ und danach die Flüssigkeit von festen Bestandteilen abtrennte. Oft wird im Papyrus Ebers die Anwendung von Bier (und Wein) als „Verdünnungsmittel" bei medizinischen Rezepten genannt. Natürlich äußert sich Plinius auch zu der berauschenden Wirkung der aus Getreide gewonnenen, unverdünnt, gelegentlich mit Strohhalmen, eingenommenen Produkte. Die Publikation schließt und wird gekrönt mit einem umfangreichen Kapitel über den „Wein"[14, S. 642–646], den wohl auch Plinius und Tröger als Getränk bevorzugten. Von den Rebensorten in Ägypten, Griechenland und den Provinzen Roms werden Anbau, Gewinnung der Trauben daraus, die Vorzüge und Geschmacksrichtungen und Vorlieben für die gewonnenen Weine im Detail beschrieben und mit Namen Beteiligter und Jahreszahlen belegt. So zog der *„göttliche Augustus den oberhalb des Forums des Appius gewachsenen Sabiner-Wein den anderen Weinen vor, da dieser durch seine Würze Unverdaulichkeit heben sollte".* Plinius katalogisierte die Weine in vier Ränge abnehmender Qualität. Der griechische Wein war bei den Römern sehr beliebt, und jeder Teilnehmer erhielt bei Gastmahlen einen Trunk davon. Dass Wein auch als Opferspende bei den Griechen Sitte und Pflicht war, übertrug sich nach Plinius nicht auf das alte Rom. Schließlich galt das Augenmerk der „Alten" der Lagerung des Weins und der unterschiedlichen Wirkungen auf den menschlichen Organismus (Zeugungsfähigkeit, Abtreibung der Leibesfrucht, Abführmittel) und Tröger referierte über Trinksitten, Trinkgesetze und wozu die Trunkenheit führen kann, so bezieht sich Plinius auf „ALEXANDER den Großen (356–323 v. u. Z.), der trunken seine Freunde KLEITOS († 328 v. u. Z.) und KALLISTHENES (370–327 v. u. Z.) ermordete."

## Metalle und Legierungen im Altertum und deren Gebrauch

Im vorangehenden Abschnitt reflektierte Julius Tröger über Materialien organisch-chemischer Natur, die als chemische Elemente Kohlenstoff, Wasserstoff, Sauerstoff und Stickstoff enthalten und deren spezifische Verarbeitung zu Nahrung, Kleidung und zur Kommunikation (Papyrus). Für die Verfügbarkeit von Gebrauchsgegenständen waren Metalle, Legierungen und keramische Materialien, d. h. anorganisch-chemische Stoffe, unabdingbar. Der Gewinnung von Metallen, besonders Gold, Silber, Kupfer, Eisen, Blei, Zinn und Quecksilber und Legierungen, besonders Bronze, auch Stahl und „Elektron" u. a., und deren vielseitige Verwendung hauptsächlich für Gebrauchsgeräte, Waffen, Schmuck und Münzen im Altertum widmete sich Julius Tröger in der umfangreichen Schrift „Über die Metalle und ihre Verwertung bei den Alten"[13] (1930) sehr detailliert und vertieft mit zahlreichen Beispielen aus der Zeit der Ägypter, Griechen und Römer. Über Keramik (für Gefäße) äußerte er sich kaum und über Baustoffe und deren Verwendung zum Bau von Häusern, Straßen, Wehranlagen, findet sich kein Beleg. Tröger bezieht sich bei seinen Ausführungen über Metalle fast ausschließlich auf Plinius den Älteren. Die Gewinnung und Verarbeitung des Edelmetalls Gold und die Funde von Goldschmuck nehmen breiten Raum ein[13, S. 290–295]. Er beschreibt Verfahren zur Gewinnung von reinem Gold durch Abtrennen von Silber, über Reinheitsprüfung mit Hilfe von „Strichproben", über die Praktiken des „Lötens" von Gold, die Techniken zum Erhalt von „Lamellen" (Blattgold), das Auftragen von Gold auf Marmor und Holz und das Auftragen von Goldamalgam mit anschließendem Vertreiben von Quecksilber. Die reichen Funde von Goldschmuck in den ägyptischen Königsgräbern werden minutiös aufgeführt. Silber bezeichnen ägyptische Handschriften als das im Vergleich zu Gold seltenere und wertvollere Metall. Deshalb haben sich die Römer von ihren besiegten Ländern, so z. B. von Karthago durch Hannibal, 50 Jahre lang jährlich 50.000 Pfund Silber als Tribut zahlen lassen. Über die „Silberschrift", den „Silberblick" (bei der Gewinnung aus Erzen mit Hilfe von Blei in der Schmelze), berichtet Tröger nach Plinius ebenso wie über silberne Kunstwerke, z. B. am Thronsessel des Tutanchamun (Abb. 8-1). Quecksilber war in der Antike als flüssiges Metall bekannt: Schliemann hat in einem Grab aus dem 15./16. Jh. v. u. Z. zu Kurna in Ägypten ein Quecksilber enthaltendes Gefäß gefunden. Der in spanischen Bergwerken reichlich vorhandene Zinnober und das daraus gewonnene Quecksilber (für die Reinigung von Gold) mit ihren Dämpfen ließ die Arbeiter erkranken – einen gewissen Schutz bildeten die erstmals angewandten „Gasmasken". Die Gebrauchsmetalle Kupfer, Blei und Zinn mit ihren Legierungen, vornehmlich Bronze (Legierung aus Kupfer und Zinn) unterzieht Julius Tröger in Gewinnung, Anwendung und Epochen bildenden Bedeutung („Bronzezeit")[13, S. 306, 307] einer ausgiebigen Betrachtung ebenso wie dem Eisen („Eisenzeit")[13, S. 307–310], das hier nicht näher belegt wird.

*Fazit.* Julius Tröger wollte die Erkenntnisse der „Alten" vor dem Vergessen bewahren und seinen Fachgenossen – von denen die meisten mit großer Wahrscheinlichkeit die alten Schriften nicht kannten – in der von ihm gewählten Form präsentieren, sie mit den aktuellen Gegebenheiten zum Vergleich anregen, um Einiges daraus selbst praktisch wieder zu nutzen und so dem Fortschritt zu dienen.

**Abb. 8-1** Thronsessel von Tutanchamun (Regierungszeit: 1332–1323 v.Chr.), jetzt im Ägyptischen Museum Kairo

## Streiflichter aus der chemischen Welt

Verlassen wir zunächst das Altertum und seinen Protagonisten Plinius den Älteren, und widmen uns mit Julius Tröger der Anfangszeit der wissenschaftlich betriebenen Chemie, reflektiert in Begebenheiten unter dem Titel „Allerlei Merkwürdiges aus der chemischen Welt"[11] (1929), die mit den Ahnherren und großen Meistern der Chemie (in alphabetischer Reihung) JÖNS JACOB BERZELIUS (1779–1848), HUMPHRAY DAVY (1778–1829), JOHANN WOLFGANG DÖBEREINER (1780–1849), MICHAEL FARADAY (1791–1867), JOSEPH LOUIS GAY LUSSAC (1778–1850), ANTOINE LAURENT DE LAVOISIER (1743–1794), JUSTUS VON LIEBIG (1803–1873), RICHARD FELIX MARCHAND (1813–1850), KARL FRIEDRICH MOHR (1806–1879), JOSEPH PRIESTLEY (1733–1804), CARL WILHELM SCHEELE (1742–1786), CHRISTIAN FRIEDRICH SCHÖNBEIN (1799–1868), FRIEDRICH WÖHLER (1800–1882) und weiteren verbunden ist. Trögers Intention ist, seine Zeitgenossen im 20. Jahrhundert daran zu erinnern: *„...mit welch großen Schwierigkeiten und unzureichenden Mitteln die Chemiker zu Ausgang des 18, und zu Beginn des 19. Jahrhunderts zu kämpfen hatten, um ihre großen, für die späteren Generationen so wichtigen Entdeckungen ausführen zu können. Wir, denen das Gas und die Elektrizität so unentbehrlich geworden sind, können uns kaum ein rechtes Bild von dem Arbeiten in so ärmlich ausgestatteten Instituten machen, wo statt des elektrischen Lichtes eine kümmerliche Kerzen- und Öllampenbeleuchtung und anstelle des Heizgases die Kohle allein als Heizmaterial zur Verfügung stand..."*[11, S. 760]. Aus der Fülle der Begebenheiten wählte Tröger Beispiele, die zeigen, dass Humphray Davy und Wolfgang Döbereiner ihre äußerst praktischen und nützlichen Erfindungen der Grubengas-Sicherheitslampe (Davy, Abb. 8-2) und der Platin-katalysierten Zündmaschine (Döbereiner-Feuerzeug, Abb. 8-3) trotz Empfehlungen von Freunden nicht zum Patent angemeldet hatten um damit viel Geld zu verdienen, sondern sie selbstlos der Allgemeinheit zur Verfügung stellten.

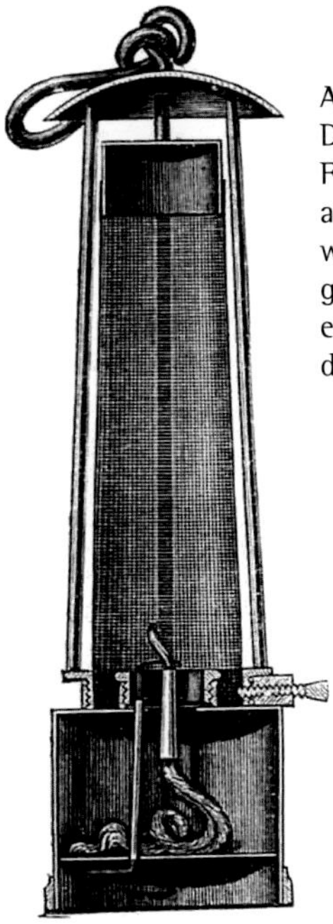

Abb. 8-2 Davy-Grubenlampe. Die an einem Docht (mit Petroleum getränkt) entzündete Flamme ist von einem engmaschigen Drahtnetz aus Kupfer umgeben, das die Verbrennungswärme ableitet. Leicht entzündliches Grubengas (Methan) außerhalb des Netzes wird nicht entzündet. Das Flackern der Flamme zeigt an, dass Methan vorhanden ist.

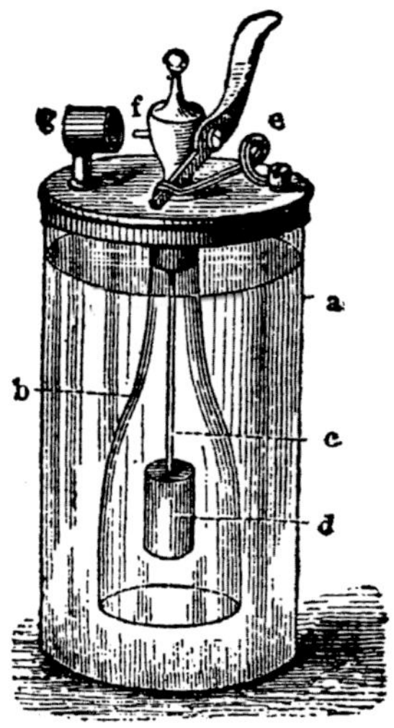


Abb. 8-3 Döbereiner-Feuerzeug in der nach 1826 üblichen Form a) Glaszylinder b) unten offene Flasche c) Draht d) Zinkblock, e) Hahn f) Düse g) Platinschwamm Verdünnte Schwefelsäure in der Glasglocke reagiert mit Zink. Der gebildete Wasserstoff wird durch eine Düse über Platinschwamm geleitet und entzündet sich.

Scheele bediente sich bei seinen Experimenten einfacher Gerätschaften in einer Apotheke, in der er längere Zeit nur angestellt war, und entdeckte unter so ärmlichen Bedingungen Sauerstoff, Chlor, Ammoniak, Chlorwasserstoff-Gas, Arsensäure u. v. a. Der Engländer Joseph Priestley dagegen war ein unsteter Charakter, der zeitweise als Theologe wirkte, nach Amerika entfloh, morgens experimentierte und abends theologische, philosophische und politische Studien betrieb. Er entdeckte, wie auch Carl Wilhelm Scheele, den Sauerstoff, dazu Kohlen- und Stickoxide, erfand die pneumatische Wanne. Er erkannte, dass die grüne Pflanze Sauerstoff liefert. Priestley bediente sich bei seinem Versuch am 1. August 1774, der zur Entdeckung des Sauerstoffs durch Erhitzen von Quecksilberoxid in einem unter Quecksilber verschlossenen Gefäß führte, der Hilfe eines Brennglases von 12 Zoll Durchmesser[10, S. 358].

Der Anwendung des Brennglases bzw. Brennspiegels, bei dem Sonnenlicht fokussiert wird, widmete Julius Tröger eine ganze Publikation: „Der Brennspiegel oder das Brennglas als Heizquellen bei chemischen Reaktionen in früherer Zeit"[10]. Friedrich Wöhler, der auf der Reise zu Jöns Jacob Berzelius in Stockholm war, lernte in Lübeck während einer sechswöchigen Wartezeit auf ein Schiff zur Überfahrt den Apotheker Kindt kennen, und stellte in dessen Apotheke das äußerst reaktive Element Kalium her und macht es, angekommen in Schweden, seinem Mentor Berzelius zum Geschenk. Dieser wiederum verbesserte eine Aussage seiner Labordienerin, es rieche stark nach oxidierter Salzsäure: *„Das darfst Du nicht mehr sagen, sondern musst sagen ‚Chlor', das ist besser".*

Julius Tröger berichtete ausführlich über die spärlichen Ausrüstungen in den deutschen Laboratorien, besonders monierte er die ärmliche Laborausstattung in Preußen. In Halle hatte Marchand den Chemieunterricht in seiner Privatwohnung abgehalten. Johann Wolfgang Döbereiner unterrichtete dagegen, von Johann Wolfgang von Goethe und dessen Landesherrn sowie von der russischen Großherzogin, der Zarentochter Maria Pawlowna (1795–1865) gefördert, bereits zahlreiche ausländische Hörer und Praktikanten. Tröger reflektierte anhand von Beispielen die „chemischen Freundschaften", die den von ihm verehrten Justus Liebig mit Friedrich Wöhler, Christian Friedrich Schönbein (Entdecker des Ozons und der Schießbaumwolle) und dem Pharmazeuten Karl Friedrich Mohr verbanden. Die wesentlichen Verbesserungen in der Apothekenpraxis, die Mohr einführte, wurden von seinem Pharmazeuten-Kollegen Tröger besonders gewürdigt. Eine Vielzahl von Begebenheiten, die in den Fachpublikationen der Koryphäen ausgespart blieben, sammelte Julius Tröger und fügte sie in der Publikation[13] zusammen – eine für Chemiker und Pharmazeuten auch heute noch lesenswerte, kurzweilige Lektüre. Ebenso lesenswert und von chemiehistorischem Interesse sind Trögers detaillierte Studien „Über die in früherer Zeit zur Bestimmung von Kohlen- und Wasserstoff in organischen Verbindungen benutzten Methoden"[16] (1932). Für den Chemiker Julius Tröger, der sich selbst mit der Synthese neuer organisch-chemischer

Verbindungen befasste, war diese Kenntnis der spezifischen Analysenmethoden essentiell, und er konnte sie für die eigenen laborpraktischen Analysen beachten. Eine Meisterleistung Trögers war, daran sei erinnert, seine präzise elementaranalytische Bestimmung der Zusammensetzung der „Trögerschen Base" mit $C_{17}H_{18}N_2$. In gewisser Weise folgerichtig nach seinen die Antike betreffenden Publikationen, widmete sich Julius Tröger sehr umfangreich der Aufgabe zu skizzieren, „Wie durch die chemische Synthese gewisse Naturprodukte ganz oder teilweise verdrängt worden sind"[15] (1931); *„... soll nun an einigen anorganischen und organischen Naturprodukten gezeigt werden, welchen Einfluß die chemische Synthese auf die ursprünglich nur der Natur entnommenen Produkte im Laufe der Zeit bewirkt hat. Von den anorganischen Stoffen will ich die Soda, die Ammonsalze und den Salpeter und von den organischen die Ameisensäure, Essigsäure und Oxalsäure, sowie die beiden wichtigsten organischen Farbstoffe, den Krapp und den Indigo, bei dieser Auswahl berücksichtigen"*[15, S. 179]. Diesen Exkurs in die neuere Zeit setzt Tröger mit der Arbeit „Über die vielseitige Wirkung und Verwendung der Salpetersäure"[17] (1932) fort.

## Über die von den Alten in Kunst und Gewerbe benutzten Farben

### Die Farbmittel

Julius Trögers veröffentlichte im Jahre 1931 eine umfangreiche kulturhistorische Studie über die „von den Alten in Kunst und Gewerbe benutzten Farben" in zwei Teilen[6]. Das Studium und die Beschäftigung damit bildete aus Sicht des Autors eine zweite Grundlage für seine Passion als Autodidakt in Form der bildenden Kunst mit selbst ausgeübter „Malerei" neben der schon oben angesprochenen, grundsätzlichen Position und Aufgeschlossenheit eines Chemikers zu Struktur und Eigenschaften von Farbstoffen und Farben und der Wahrnehmung für die Schönheit von Farben und Formen in ihrer Kombination, einbezogen die Sujets mit der geschärften Beobachtungsgabe des Analytikers. Diese Studie, in der er sich wieder wesentlich und sehr oft zitiert auf PLINIUS bezieht, wurde in zwei Teilen publiziert: Im ersten Teil wird nach einer umfangreichen Einführung und Erörterung über Höhlenmalerei, altägyptische Wandmalereien, Tafelbilder und Porträts und die Werke in Malerei und Bildhauerkunst im alten Griechenland, alles mit zahlreichen historischen Beispielen belegt, gilt sodann das Interesse des Chemikers Tröger den dabei angewandten Farbmitteln bzw. Farbstoffen: Weiße Farben – Gelbe Farben – Rote Farben – Schwarze Farben – Blaue Farben – Grüne Farben. Sie basieren mehrheitlich auf mineralischen Grundstoffen.

**Weiße Farben:** Das Parätoniumweiß ist – nach der altägyptischen Hafenstadt Parätonium benannt – aus Muscheln mit Kreide und Meerschlamm als „Meerschaum" verdichtet. Auch Gips, das in dieser Gegend vorkommt, wird unter diesem Namen geführt. Die Meloserde, eine von der Insel Melos stammende Kreide, lieferte eine glatten, gut deckenden Anstrich, war jedoch nicht zur Fresco-Malerei geeignet. Die weiße Eritrea-Erde (Talk), nach dem Fundort Eritrea auf Euböa benannt, wurde im 4. Jh. v. u. Z. von den Malern NICOMACHUS (60–120 u. Z.) und PARRHASIUS benutzt. Das Bleiweiß (*cerussa* bei den Römern) wurde nach dem Fundort Theodotion genannt, auch wurde es schon aus Blei und Essig nach einem genau beschriebenen Prozess hergestellt.

**Gelbe Farben:** Im 5. Jh. v. u. Z. sollen die Maler NICON und POLYGNOTUS (5. Jh. v. u. Z.) beim Ausschmücken des Tempels des Theseus mit Wandgemälden einen hellen Ocker (Berggelb) benutzt haben, der sich besonders für die Schattenbildung eignete. Gelbfarbener Ocker, eine „Erdfarbe" [Gemisch aus Brauneisenstein, $Fe_2O_3 \times n\, H_2O$, mit Ton, Quarz und Kalk] ließ sich nach Plinius auch bereiten, indem man „Rötel" [roter Eisenocker, Gemisch aus Ton und Hämatit, $Fe_2O_3$] in mit Lehm verschmierten Töpfen brannte. Verwendung als Malerfarbe fand auch der grellgelbe Farbstoff Auripigment („gelbes Schwefelarsen", $A_{s2}S_3$), das sich nicht zur Fresco-Malerei, sondern nur als Wachsfarbe eignete.

**Rote Farben:** Rote Farben waren bei den Alten am beliebtesten. Schon HOMER berichtet in der „Ilias, dass die Griechen ihre Schiffe mit roter Farbe angestrichen haben". Dabei gelangte vorzugsweise „Rötel" zur Anwendung, das aus verschiedenen Abbauorten stammte (u.a. aus Lemnos, Sinope, Ägypten,

Abb. 8-4 Lapis lazuli („blauer Stein"), Mineral Lasurit $Na_4[Al_3Si_3O_{12}]S_n$, enthält blaufarbene $S_3^-$-Ionen

Abb. 8-5 Malachit, $Cu_2(CO_3)(OH)_2$, erstmals erwähnt von Plinius d. Älteren in „Historia Naturalis", altgriech: μαλάχη = Malve (grünblättrige Heilpflanze)

Balearen). Der sogenannte „Sandarach" (Realgar, $A_{s4}S_4$) und der „künstliche Sandarach" (Mennige, $Pb_3O_4$) kamen zum Einsatz, wobei Mennige auch durch Brennen von Bleiweiß [$2Pb(CO_3)$ x $Pb(OH)_2$] in Öfen „künstlich" erzeugt wurde. Der Athener KALLIAS (5. Jh. v. u. Z.) soll den scharlachroten „Zinnober" (HgS) entdeckt haben, der auch in Bergwerksgruben in Spanien und Äthiopien gewonnen wurde, wobei sich die Grubenarbeiter mit Mundtüchern (Gasmasken) vor dem Einatmen der giftigen Substanz schützten. Zinnober galt als kostbare, heilige Farbe bei den Römern und musste dem Maler vom Besteller eines Gemäldes, für die Buchmalerei oder Körperbemalung (Triumph-Bemalung) geliefert werden. Das „Drachenblut", eine teure, rote Farbe, wurde aus einem Harz und „Purpurrot" aus der Kermesschildlaus gewonnen.

**Schwarze Farben:** Der „Ruß" war dominierend für die Malerei in Schwarz. Manche Maler gewannen ihn, indem sie aus den Gräbern die Knochen der verbrannten Leichen ausgruben und daraus „Beinschwarz" erzeugten. Da man bei Verbrennen der Leichen Pech und Harz zugesetzt hatte, um die Glut zu steigern, verblieb genügend unverbrannter Kohlenstoff. Vorzugsweise wurde jedoch der Ruß, der sich beim Verbrennen an Öfen absetzte, verwendet und zur Bereitung von z. B. „Schreibschwarz" mit Gummi oder Leim gemischt.

**Blaue Farben:** Blaue Farben waren im alten Ägypten bei Wandbildern präsent, herrührend aus dem natürlich gewonnenem „Lapis lazuli" (Ultramarin, Abb. 8-4) oder durch Erhitzen von kupferhaltigem Glas. Dieses erhielt man aus Sand, verwittertem Soda, gemischt mit Kupferspänen, das man in Kugeln formte, trocknete und dann in Keramik-Töpfen glühte. Gepulvert und mit einem Bindemittel angemacht, wurden so haltbare Farbstoffe erzeugt.

**Grüne Farben:** Grüne Farben sind in altägyptischen Wandmalereien eingebracht, dagegen in Griechenland erst viel später. Sie basieren hauptsächlich auf dem grünfarbigen Malachit $Cu_2(OH)_2CO_3$ (Abb. 8-5), mit davon abgeleiteten Produkten („Chrysocoll"). Durch Mischen mit Prätoniumweiß u.a. wurden Mischungen unterschiedlicher grüner Farbtönungen erzeugt. Mischfarben spielten generell eine untergeordnete Rolle.

## Maltechniken und Malschulen

Im zweiten Teil seiner umfangreichen Schrift erläutert Julius Tröger die in der Antike angewandten Maltechniken und widmet sich sodann dem Färben von Textilien in dieser Zeit. Die Fresko (Fresken)-Malerei dürfte nach der Höhlenmalerei die älteste Malweise sein, deren Zeugen auch von Heinrich SCHLIEMANN (1822–1890) in Resten in der antiken Stadt Tyrns auf dem Peloponnes, 7 km südlich von Argos, entdeckt worden sind. PLINIUS schildert, dass der Kalkputz aus 3 Lagen Sandmörtel und 3 Lagen Kalkmörtel bestand (später weniger Lagen), wobei die Schichten dadurch länger feucht blieben und die Farbschichten länger bearbeitbar blieben, ehe sich durch die Einwirkung von Kohlendioxid eine schützende Schicht bildete. Bei den etruskischen Fresken wurden als Farben nur Weiß, Gelb, Rot und Schwarz verwendet, während die pompejanischen Fresken-Malereien auch Blau und Grün enthielten (Abb. 8-6).

Die Tempera-Malerei zeichnete sich dadurch aus, dass die Farbstoffe mit Bindemitteln (Milch, Leim, Gummi, Ei, Feigensaft) vom „Farbenreiber" bereitet und danach vom Maler gemischt und auf einen ausgewählten Untergrund aufgetragen zum Kunstwerk wurden. Bei der Wachsmalerei (Enkaustik) wurde der mit Wachs (geschmeidig gemacht durch Erhitzen mit Wasser und Soda) gemischte Farbstoff mit einem „Cestrum" (grob oder fein gezahnter Spatel) auf Holz aufgetragen und danach durch einen erhitzten Stift (Einbrennen) die gewünschte Farbverteilung erzeugt. Nach PLINIUS soll ARISTEIDES (2.–4. Jh. v. u. Z.) der Erfinder und PRAXITELES (390–320 v. u. Z.) der Vervollkommner dieser Malweise im 4. Jh. v. u. Z. gewesen sein. Zum Anstrich mit einem Pinsel wurde der Wachsfarbe noch Nussöl hinzugesetzt.

Auch Schiffe wurde durch Anbringen von Wachsfarbe auf einer Schicht aus Pech bemalt. Es gab Zeichenlehrer, wie PAMPHILUS (390–350 v. u. Z.), Begründer der Malschule von Sikyon, PARRHASIUS von Ephesus (ionische Schule) und die besonders kunstfertige Malerin JAIA, die auf Tafeln, Pergament oder Leinwand so ausgeführte Zeichnungen schufen. Ende des 4. Jh. v. u. Z. existierten die „helladische" (griechische) und eine „asiatische" Malschule, danach kam noch die „ionische" hinzu. Es gab Maler, die sich auf die Porträtmalerei spezialisiert hatten, wie z. B. APELLES (375 – Ende 4. Jh. v. u. Z.), der allein befugt war, ALEXANDER den Großen zu porträtieren. ATHENION von Maroneia (spätes 4. Jh. v. u. Z.) wurde von PLINIUS als „Pferdemaler" gerühmt, der von Julius Tröger besonders hervorgehoben wird, weil er selbst Pferde besaß und auch Pferde auf Ölgemälden gemalt hat. Die Genre-Malerei war ein bevorzugtes Gebiet der alten Meister wie auch z. B. die Historien-Malerei mit der z. B. bildlichen Darstellung einer Seeschlacht von NEACLES (3. Jh. v. u. Z.) oder der Schlacht bei Marathon (PANÄUS, 5. Jh. v. u. Z.).

**Färben**

Schließlich befasste sich Julius Tröger mit der „Färberei" und der Einfärbung von Stoffen, Gewändern im alten Ägypten durch Einstreichen der Stoffe mit „Beizen". Durch Eintauchen der Stoffe in Kesseln mit kochendem Farbstoff kann dieser dann nicht mehr ausgewaschen werden. Obschon PLINIUS sich nicht detailliert über die dabei benutzten Farben äußert, schreibt Tröger, dass für die Gelbfärbung „Safran"(aus Krokusblüten gewonnener roter Farb- und Gewürzstoff) und Alaun [$KAl(SO_4)_2 \times 12H_2O$] verwendet wurde, Wau, Gelbkraut oder Färberkamille ebenso. Ausführlicher werden Rezepte aus dem Leydener Papyrus über das Rotfärben der Stoffe beschrieben: Färberkraut und Granatrinde mit Essig, Krapp, Kermeschildlaus, Alizarin, Purpurschnecken (für Purpurwolle). Im Papyrus Ebers wird auch über Indigo als Mittel zum Erhalt blaufarbener Gewänder berichtet. All diese Studien zeigen, dass sich Julius Tröger intensiv mit den alten Schriften befasst hat und dadurch ein tieferes Verständnis für seine eigene Malkunst entwickelte und besaß, auch wenn es in seiner Zeit leicht war, Öl- und Wasserfarben für die Malstudien zu bekommen.

**Abb. 8-6** Fresco „Sappho", Pompeji

# Malen als Reflexionen der Umgebung

## Das Aquarellalbum - 49 signierte und datierte Aquarelle von Julius Tröger

von Lothar Beyer

Als Los Nr. 352 kam am 4. November 2016, 15 Uhr, bei Nosbüsch & Stucke GmbH Auktionen Berlin zur Versteigerung:
„Tröger, Julius. Album mit 45 signierten und datierten Aquarellen des Chemikers und Professors"
Das Auktionsexemplar wurde im Angebot wie folgt beschrieben:

*„Tröger, Julius. Album mit 45 signierten und datierten Aquarellen des Chemikers und Professors J. Tröger, alles dem Generaloberarzt Dr. Med. Hennig gewidmet. 1935–1940. 19 x 24 cm. Leinwandalbum der Zeit mit Kordelheftung (Kanten etwas berieben, gering fleckig). Prachtvolles Album mit fein ausgeführten Aquarellen. Julius Tröger (1862–1942) war Chemiker und Professor an der Universität Braunschweig. Er wurde vor allem durch die nach ihm benannte ‚Trögersche Base' bekannt. Offenbar war er aber auch ein begabter Maler, wie das vorliegende Album zeigt. Die Aquarelle sind meist als Glückwunsch-, Neujahrs- oder Weihnachtskarten an den Oberarzt Hennig geschickt worden, der diese dann in ein Album montierte. Verso teils miteigenhändigen Text von Tröger. Die Aquarelle mit Gebäuden, Landschaften, ländlichen Szenen, höfischen Figuren, Kinder- und Familienszenen. – Trägerkartons teils gelockert bzw. lose, insgesamt aber gut erhalten."*

**Abb. 9** Aquarellalbum im Schuber

Dieses Album wurde von Herrn Dr. Johannes Wolfgang Hönle, Ettlingen[26], ersteigert und später der Chemiehistorischen Sammlung der Fakultät für Chemie und Mineralogie an der Universität Leipzig großzügig im Schuber (Abb. 9) überlassen.
Der Text auf der Anzeige ist nicht vollkommen korrekt, denn es sind nicht alle Aquarelle dem Generaloberarzt Dr. Hennig bzw. seiner Gattin gewidmet worden, sondern nur acht Exemplare, dazu zwei handgeschriebene Briefe an ihn, die von Julius Tröger zusammen mit Dora Löhr unterzeichnet wurden. Die 49 Aquarelle entstanden, nachweislich der von Trögers Hand geschriebenen Signaturen im Zeitraum von 1906 bis 1942, im Einzelnen: 1906 (5 Aquarelle), 1934 (3 Aquarell), 1935 (14 Aquarelle), 1936 (6 Aquarelle), 1937 (5 Aquarelle), 1938 (5 Aquarelle), 1939 (1 Aquarell), 1940 (4 Aquarelle), 1941 (3 Aquarelle), 1942 (1 Aquarell). Ob der Generaloberarzt Dr. Hennig selbst somit alle Aquarelle, auch die nicht an diesen selbst gerichteten Aquarellkarten, in das besagte Album eingebracht hatte, lässt sich nicht beweisen, zumal vom Auktionator nicht angegeben ist, von wem ihm das Album zugegangen ist. Aus dem Text in Abb. 50, Aquarell Nr. 2, geht zudem hervor, dass das Album von Dora (Löhr) angelegt (und Dr. Hennig geschenkt?) worden ist. Das ist nachvollziehbar, denn sie war in seiner Nähe und konnte deshalb die von Tröger gefertigten einzelnen „Bildchen" (wie dieser seine Aquarelle selbst mehrfach benennt) sammeln, ordnen und in ein Album einbringen und evt. nach dessen Ableben 1942 noch weitere, z. B. die vom Ehepaar Hennig, einfügen. Da Julius Tröger kinderlos war, ist später das Aquarellalbum in andere Hände gelangt, z. B. in die kunstinteressierte Familie Hamann seiner „lieben" Schwester, und schließlich in das Auktionshaus gekommen.

Im Buch „Vom Doktoranden in Leipzig zum Chemieprofessor in Dresden – Chemische Wissenschaftsbrücken" (Lothar Beyer und Wladimir Reschetilowski, Passage-Verlag Leipzig 2016) und in einem Separatabdruck (Wolfgang Hönle, 2017)[5] wurden eine Auswahl der Aquarelle vorgestellt.

Dass der Charakterisierung im Auktionsangebot: „Offenbar war er aber auch ein begabter Maler, wie das vorliegende Album zeigt" zugestimmt werden kann, wird beim Betrachten der zahlreichen Aquarelle deutlich. Der Kunsthistoriker Rainer Behrends schreibt sinngemäß: Eine Betrachtung zu Trögers bildnerischen Arbeiten aufgrund des heute bekannten Materials und Einschätzung zeigt seine Stellung als Amateur oder besser als Dilettant im ursprünglichen Sinne eines Menschen, der künstlerisch zur eigenen Freude bildnerisch tätig ist, seine Arbeiten an Freunde und Bekannte verschenkt, an Öffentlichkeit nicht interessiert ist. Der von Behrends verwandte Begriff „Dilettant" enthält keine negative Bewertung, die heute gelegentlich im Sprachgebrauch damit verbunden wird, denn die Definition von „delectare" hat ursprünglich eine neutrale Bedeutung in der Verwendung als Substantiv „Dilettant", einer Person, die sich aus persönlichem Interesse oder einer Liebhaberei mit einem wissenschaftlichen oder künstlerischen Gebiet intensiv beschäftigt. Und dies trifft augenscheinlich auf Julius Trögers künstlerische Betätigung zu. Es ist zweifellos eine besondere Eigenschaft und eine Neigung von Julius Tröger, dass er bestrebt ist, persönliche Eindrücke aus seinem unmittelbaren privaten Umfeld mit seiner Lebensgefährtin und von seinen Erholungs-Aufenthalten in den Semesterferien malerisch festzuhalten und sie mit dem „geschärften Blick des Naturwissenschaftlers" zu vertiefen, sich später besser an Details zu erinnern und gleichzeitig Freude an der farblichen Vielfalt zu haben. Die Farbfotografie war noch im Anfangsstadium und nicht zugängig, und die Schwarz-Weiß-Fotografie konnte seine emotionalen Eindrücke eher ungenügend wiedergeben. Ein wesentliches Motiv für die Gestaltung mehrerer Aquarelle war die freundschaftlich-ehrerbietige Bekanntschaft mit der Familie des Generaloberarztes Dr. med. Hennig (dieser war, wie aus einem Text hervorgeht, auch sein persönlicher Arzt), die ihn bewog, zu Geburtstagen von Frau und Herrn Generaloberarzt gemalte Glückwünsche als sehr persönliches Präsent zu übergeben bzw. in Form von Postkarten zuzusenden. Schließlich kann in Betracht gezogen werden, dass Julius Tröger durch seinen Schwager, den Kunstmaler Gustav Hamann in Weimar, direkt oder indirekt motiviert wurde zu malen.

Im Album lassen sich die Aquarelle zwanglos von uns in fünf Motivgruppen ordnen, die sich gelegentlich überschneiden:

**Landschafts- und Naturdarstellungen, ländliche Wohngebäude**

| | |
|---|---|
| **Aquarell-Nr.:** | 3, 4, 9, 11, 19, 20, 35, 36, 39, 40, 41, 43, 44, 45, |
| **Abb.-Nr.:** | 15, 16, 13 12, 25, 14, 10, 11, 23, 19, 20, 24, 21, 26 |

**Stadtansichten**

| | |
|---|---|
| **Aquarell-Nr.:** | 1, 5, 8, 12, 21, 22, 37, 42, 49 |
| **Abb.-Nr.:** | 33, 30, 29, 27, 35, 36, 37, 38, 34 |

**Neorokoko-Adaptionen**

| | |
|---|---|
| **Aquarell-Nr.:** | 7, 10, 13, 17, 18, 26, 29, 31, 32, 47, 34 |
| **Abb.-Nr.:** | 39, 40, 41, 42, 43, 44, 45, 47, 46, 48, 49 |

**Glückwünsche**

| | |
|---|---|
| **Aquarell-Nr.:** | 2, 14, 15, 16, 23, 24, 25, 27, 30, 33, 38, 48 |
| **Abb.-Nr.:** | 50, 51, 52, 53, 54, 55, 56, 57, 58, 60, 59, 61 |

**Reiterszenen**

| | |
|---|---|
| **Aquarell-Nr.:** | 6, 28, 46 |
| **Abb.-Nr.:** | 64, 62, 63 |

Abb. 10 Landschaft bei Braunlage, Harz

Abb. 11 Landschaft mit Dorf, Braunlage

**Landschafts- und Naturdarstellungen**

**Ländliche Wohngebäude**

Die ersten beiden Aquarelle dieses Genres entstanden bereits 1906 bei einem Aufenthalt Trögers in Walkenried am Südharz, das er vermutlich bei einem in Braunlage, Landkreis Goslar, Niedersachsen, verbrachten Sommerurlaub besuchte. Die beiden Aquarelle sind mit „Braunlage" (Bleistift) gekennzeichnet.

In Walkenried gibt es eine noch heute existierende Klosterruine. Beide Orte liegen nur 20 km voneinander entfernt. Das Aquarell Abb. 12 ist mit Walkenried (Bleistift) markiert.

Mit dem Aquarell Abb. 14 (Wald, Braunlage) und dem Ölgemälde Abb. 75 (Wald) wird gezeigt, dass Julius Tröger auch Motive von seinen Aquarellen in Ölgemälde übertrug.

Ein Ausflug nach Thüringen in die Gegend von Stadtilm/Rudolstadt in das Rottenbachtal im Jahre 1938 bewog Julius Tröger, die Ruine des ehemaligen Benediktinerklosters Paulinzella zu zeichnen, einen berühmten romanischen Sakralbau. Aus einem Brief an Generaloberarzt Hennig geht hervor, dass er dort schon einmal zeichnend tätig war und die

Abb. 12 Klosterruine Walkenried

Abb. 13 Bach im Wald

Abb. 14 Wald, Braunlage

**Abb. 15** Säulengang Kloster Paulinzella

**Abb. 16** Westportal Kloster Paulinzella

**Abb. 17** Klosterruine Paulinzella

**Abb. 18** Klosterruine Paulinzella, Säulengang 2017

Außenansicht des Klosters gezeichnet und Dr. Hennig geschickt hatte:
*„Sehr geehrter Herr Generaloberarzt:
Zu Ihrem Geburtstage sende ich Ihnen, zugleich im Namen der lieben Schwester die herzlichsten Glückwünsche für Ihr ferneres Wohlergehen. Mögen Ihnen noch recht viele Jahre beschieden sein in aller Kraft und Frische und mag nur eitel Sonnenschein Ihren Lebensabend vergolden. Beiliegendes Bildchen stellt eine Innenansicht des Klosters Paulinzell i. Thüringen dar, von dem ich Ihnen schon früher eine Außenansicht gemalt. Mein Befinden ist sehr gut, wir radeln fast täglich, sind auch schon trotz des vielen Windes in Windhausen gewesen, meist sonnen wir uns im Parkhause Querum. Mit den herzlichsten Grüßen an Sie, Ihre verehrte Gattin und Frl. Tochter Ihr ganz ergebener J. Tröger und Ihre Dora Löhr."*
Tröger zeichnete und malte zwei Aquarelle mit Innenansichten des Klosters Paulinzella (Abb. 15, und Abb. 16): Hier bieten sich Vergleiche der Abb. 15 mit der aktuellen Beschaffenheit der Klosterruine Paulinzella (Abb. 17) und der Abb. 16 mit der Abb.18 an.

Abb. 19 Dorfhaus in Hude (Oldenburg)

Abb. 20 Dorfhaus in Fallingbostel

Abb. 22 Archäologisches Museum Bad Fallingbostel heute mit Felsblöcken von Hünengräbern

Abb. 21 Dorfhaus, Frontseite, mit zwei Frauen am Gartenzaun

Abb. 23 Pferde mit Fuhrwerk vor Bauernhaus

Ein Aquarell im Album Nr. 40 (Abb. 19) ist in Hude (bei Oldenburg) gezeichnet worden. Im Album ist unter das Original mit Silberstift geschrieben: *„Haus aus Steinen von Hünengräbern gebaut. Hude (Oldenburg). Geschenkt am 76. Geburtstag von Prof. Tröger, gemalt 14 Tage vorher".* Weiter Aquarelle entstanden in Bad Fallingbostel. Dieser Kurort in Niedersachsen befindet sich ca. 100 km von Braunschweig, dem Wohn- und Arbeitssitz des Chemikers Julius Trögers entfernt. Der Kurort ist bekannt durch Heilbäder, Kneippkuren, und auch Trögers Hobby „Reiten" war und ist dort möglich. Tröger hielt sich dort in Sommermonaten 1937, 1938, 1940 und 1941 auf. Dabei entstanden die folgenden Aquarelle mit den für diese Landschaft typischen Häusern, die auch heute in dieser Bauweise existieren bzw. renoviert erhalten geblieben sind (Abb. 22).

In eine von dieser mitteldeutschen Landschaft abweichende führte Julius Tröger 1935 in das französische Savoyen (Annecy am Lac d'Annecy im Rhone-Tal). Dort zeichnete er das mit „Glacier de Taleret" bezeichnete Aquarell Nr. 43 (Abb. 24) und bei einem Aufenthalt in der Bergwelt Tirols das Aquarell „Waldmühle bei Sterzing" (Abb. 25) und bei einem nochmaligen Aufenthalt im Jahre 1941 ein „Altes Haus im Rhone-Tal bei Finhaut" (Abb. 26).

Abb. 24 Glacier de Taleret im Rhone-Tal

Abb. 25 Waldmühle bei Sterzing

Abb. 26 Altes Haus im Rhone-Tal bei Finhaut

Abb. 27 Marktstraße in Stertzing

## Stadtansichten, Stadtszenen

In Sterzing in Tirol entstand 1935 das Aquarell Abb. 27, das ein Stadtbild zum Motiv hat und damit zu dieser Motivkategorie überleitet. Zum Vergleich dient eine Fotografie aus neuer Zeit (Abb. 28). Auch ein Vergleich der Aquarelle Abb. 29 „Annecy in Savoyen" und Abb. 30 „Rathaus in Saalfeld" mit aktuellen Fotografien bietet sich an (Abb. 31, Abb. 32).

Abb. 28 Marktstraße in Sterzing, heute

**Abb.** 29 Annecy in Savoyen

**Abb.** 30 Rathaus in Saalfeld

**Abb.** 31 Annecy in Savoyen

**Abb.** 32 Rathaus in Saalfeld, 2013

Abb. 33 Nachtwächter im Winter

Abb. 34 Zwei Wanderer zur Rast

**Abb. 35** Stadtszene in Braunschweig

**Abb.** 36 Straßenmusikanten

Abb. 37 Puppentheater auf Platz mit Zuschauern

Abb. 38 Junger Mann im Park

Abb. 39 Jüngling, sitzend mit Weinglas

**Neorokoko-Adaptionen**

Offensichtlich fand Julius Tröger Gefallen daran, in den Jahren von 1935 bis 1940 für sich und seine Freunde eine „heile Welt" zu ersinnen und sich damit in die Zeit des Rokoko zwischen 1720 bis 1770 bzw. des Biedermeier 1815 und 1847 zu versetzen, als es nach den Napoleonischen Kriegen eine Zeit der Entspannung gab. Die Kunstwelt besann sich und wiederbelebte in der Zeit des Historismus, die des Barocks und besonders des Rokokos (Neorokoko) und benutzte deren Stilelemente in einem Miteinander und Durcheinander zur Gestaltung ihrer Umwelt. Durch neue technische Entwicklungen in der Gründerzeit war es zudem leichter möglich, sich selbst ein dazu passendes bürgerliches Umfeld zu schaffen und damit in diese Zeiten einzutauchen. Man versetzte sich bis in das 20. Jahrhundert hinein in die Zeiten der Ritter und der pompösen Festgesellschaften mit perückengeschmückten Damen und galanten Herren und deren Gepflogenheiten. So gewann das Neorokoko eine beachtliche Stellung als Stilelement und dies motivierte vermutlich auch Julius Tröger dazu, in seinen Zeichnungen an diese Zeiten zu erinnern und sich selbst und seine nahen Bekannten damit zu erfreuen. Das ist insofern bemerkenswert, weil im Entstehungszeitraum der Aquarelle in Deutschland andere Prioritäten im öffentlichen Leben gesetzt wurden. Man könnte dieses Verhalten vielleicht als eine „Flucht aus der realen Welt" in die Unbeschwertheit einer gedachten, privaten Welt, interpretieren. Ohne auf Details der Aquarelle einzugehen, werden sie hier abgebildet.

Abb. 40 Höfischer Jüngling

Abb. 41 Begegnung und Begrüßung

Abb. 42 Paar im Gespräch am Kamin

Abb. 43 Höfischer Herr hilft

Abb. 44 Ehepaar sitzend

Abb. 45 Verliebtes junges Paar

Abb. 46 Zwei nackte Kinder

Abb. 47 Zwei Kinder

Abb. 48 Der lesende alte Mann

Abb. 49 Mann und Frau mit Gitarre

*Wer nicht liebt Wein, Weib*
*und Gesang,*
*Bleibt ein Narr sein Leben lang*

*Auch hättest Du meinen Äppel-*
*Wein gekannt,*
*Und hättest mein Weib Dein*
*Eigen genannt,*
*Und wär Dir ihr Lied zu*
*Ohren gedrungen*
*Fürwahr Du hättest nicht so*
*gesungen*

**Glückwünsche**

Wie schon im Auktionsangebot beworben, sind die meisten gezeichneten und handschriftlich mit Text versehenen Glückwunschkarten zu „runden" Geburtstagen an Generaloberarzt Dr. med. Hennig bzw. dessen Gattin gerichtet, mit denen Tröger freundschaftlich, zugleich ehrerbietig, und vielleicht auch fachlich über seine Fachwissenschaft pharmazeutische Chemie und als sein Hausarzt verbunden war. Die Glückwünsche adressierte Julius Tröger am 10. Oktober 1937 an den Generaloberarzt Dr. med. Hennig in Braunschweig, Klinik am Stadtpark, Rover Straße 13.

**Abb. 50** Generaloberarzt Dr. Hennig zum 60. Geburtstag

*Dem Jubilar zum 60ten Jahr.*
*Dem Helfer der leidenden Menschheit.*
*In Lieb und Verehrung wir bringen ihm dar*
*unsere Wünsche für Glück und Gesundheit.*
*Als Getreue haben wir Seiner gedacht.*
*Und würden von Herzen uns freuen,*
*wenn die Bildchen, die Julius Tröger gemacht,*
*in Dora's Album von Neuem*
*in alter Freundschaft noch lange Zeit*
*uns alle vereinigt in Freud und Leid.*

*Julius Tröger*
*Dora Löhr*

**Abb. 51** Glückwünsche an Frau Generaloberarzt Hennig

**Abb. 52** Glückwünsche an Herrn Generaloberarzt Dr. med. Hennig

Abb. 53 Gast zum 60. Geburtstag mit Sektglas in der rechten Hand

Abb. 54 Dame mit Blumenstrauß

Abb. 55 Festgesellschaft

Abb. 56 Kinderschar

**Abb. 57** Frau bedient vier Kinder

**Abb. 58** Frau überbringt Wurst

Abb. 59 Paar verbeugt sich zur Gratulation

*Sehr geehrte gnädge Frau*
*In der schönen Pfälzer Gau*
*Weilen Sie und unseres Gleichen*
*Können schriftlich nur erreichen*
*Sie und wünschen nur das Beste*
*Glück und Segen zu dem Feste.*
*Weil Sie aber fortgerannt*
*Ist uns leider nicht vergönnt*
*Dies persönlich auszudrücken*
*Mit den schönsten Liebesblicken.*
*Drum geschieht es mit der Post.*
*Was uns sechs der Pfennige kost.*
*Mit den Grüßen allzumal*
*Auch an Ihren Herrn Gemahl*
*Zeichnen wir auf Wort und Ehr*
*Julius Tröger, Dora Löhr*

Abb. 60 Geburtstagsgesellschaft abends

**Abb. 61** Festgesellschaft mit Paar

Abb. 62 Reiter-Parade

## Reiterszenen

Julius Tröger besaß eine Vorliebe für Pferde und das Reiten, wie sich besonders an deren Wiedergabe in seinen Ölgemälden zeigt, die im nachfolgenden Kapitel „Die Ölgemälde – eine private Autobiografie?" von Annemarie Fiedermutz-Laun gezeigt werden. Dieses „Hobby" pflegte er in seiner Freizeit, insbesondere während seiner Aufenthalte in Bad Fallingbostel.

So ist nachvollziehbar, dass Julius Tröger einige Aquarelle gemalt hat, in denen Pferde (siehe auch Abb. 23) und Reiter abgebildet sind.

Dass ihn sein Schwager, der Kunstmaler Gustav Hamann, ganz charakteristisch in Reiterkleidung auf einem Ölgemälde dargestellt hat (Abb. 65), ist dafür ein Beleg.

Abb. 63 Reiter, hoch zu Ross, winkend

Abb. 64 Reitende junge Dame und Jüngling

**Abb. 65** Julius Tröger, Gemälde von Gustav Hamann

## Die Ölgemälde – eine private Autobiografie?

von Annemarie Fiedermutz-Laun

Die erweiterte Biografie des Chemikers Julius Tröger richtet den Blick auch auf eine Sammlung von Ölgemälden, die mit wenigen Ausnahmen *J. Tr.* signiert sind und in ähnlicher Malweise bestimmte Motive in unterschiedlichen Formaten und in unterschiedlichen Rahmungen darstellen. Die Fragen nach dem Maler und der Aussage dieser Bilder konnte zunächst nicht gültig beantwortet werden. Eine vorläufige Zuordnung hatte sich um die Mitte des zwanzigsten Jahrhunderts durch den Hinweis auf *Prof. Tröger*, Braunschweig, ergeben, ergänzt durch den beigefügten Nachruf[1], der dem Chemiker Carl Julius Ludwig Tröger (1862–1942) nach dessen Tod gewidmet war. Ob dieser Wissenschaftler zugleich der Maler jener Bilder war, blieb unbewiesen bis mehr als ein halbes Jahrhundert später, im Jahr 2016, Lothar Beyer im Rahmen seiner Veröffentlichungen, zu der wissenschaftlichen und persönlichen Biografie des Chemikers Julius Tröger, auch dessen Neigung zur Malerei würdigte und mit seiner Hilfe geklärt werden konnte, dass bestimmte Gemälde von dem Chemiker Julius Tröger, geschaffen wurden; ein Portrait zeigt Tröger im Jahr 1924 (Abb. 70). Nachforschungen in den Landesmuseen Braunschweig deuten durch den Vergleich mit Briefen und Fotografien in den „Familienalben Julius Tröger und Dora Löhr" (LMB 34990, LMB 34995) darauf hin, dass die Sammlung der Ölgemälde dem Chemiker Julius Tröger zuzuschreiben ist. Dass Tröger seine Themen mit der Intention malte, sie im privaten Bereich zu belassen, ist wahrscheinlich, denn soweit bekannt ist, hat sich Tröger mit seinen Bildern nicht an die Öffentlichkeit gewandt. Nach seinem Tod treten die Bilder und Fotografien aus dem Kreis des Privaten heraus, die Familienalben werden als Archivalien in den Landesmuseen Braunschweig zugänglich, seine Bilder verstreut angeboten und damit öffentlich, ohne dass von ihm vorab eine Auswahl getroffen wurde. Auch im Folgenden sind alle Ölgemälde abgebildet, ohne sie nach malerischen Kriterien zu bewerten und einzelnen von ihnen den Vorzug zu geben, da dieser Beitrag sich nicht diesem Thema, sondern der Frage widmet, welche Bedeutung Julius Tröger seinen Bildern und darüber hinaus seiner Neigung zur Malerei beigemessen hat. Könnten die gewählten Motive, wenn sie persönliche Anliegen und Auszüge aus dem familiären Umfeld spiegeln, für ihn eine private Autobiografie in Bildern sein? Der Versuch dieser Frage näherzukommen stützt sich auf jenes kennzeichnende Ölgemälde, das der Maler Gustav Hamann seinem Schwager Julius Tröger als Ganzporträt widmete (Abb. 65), auf den Vergleich der Ölgemälde mit Aquarellen des Albums und mit Fotografien aus den Familienalben, auf denen handschriftlich Namen der Beteiligten, Ortsbezeichnungen sowie Jahreszahlen angegeben sind, die für eine vertiefende biografische Untersuchung hilfreich sein könnten.

Dass der Chemiker Julius Tröger sich auch als Maler gesehen hat, zeigt seine Selbstdarstellung, ein Ganzkörper-Selbstportrait in Öl, 1885 (Abb. 66), Fotografien bilden ihn beim Malen ab, in seinem Atelier als Ganzkörper-Portrait, 1926 (Abb. 68), mehrfach als Maler in seinem Atelier mit zwei Selbstportraits, 1926 (Abb. 69), „Im Atelier", 1926 (Abb. 101) und „Malen in der Natur", 1926 (Abb. 100). Der intensive Umgang mit Farben spiegelt sich in einer Reihe von Motiven, im Interieur seines Hauses (Abb. 67, 74, 97), auch in Stillleben (Abb. 72, 73), in Naturdarstellungen wie „Wald" (Abb. 75) oder dem Motiv „Wasserfall" (Abb. 76).

Ihm bekannte Bauwerke, auch Burg Kriebstein (Abb. 77) skizzierte Tröger oder fügte sie mit Fantasiefiguren zusammen; so strebt ein Reiter in historischer Reitkleidung und mit Banner auf eine hochgelegene Festung zu (Abb. 78), die an eine Fotografie von Schloss Flechtingen erinnert, (Abb. 79). Diese nicht zeitgemäßen Motive, „Reiter in Ritterrüstung" (Abb. 80), „Reitende Gruppe in historischer Reitkleidung" (Abb. 81, 99) und „Kavallerie im Galopp" (Abb. 82) finden noch keine eindeutige Erklärung, lassen jedoch eine spielerische Neigung zu historischen Ausstattungen, auch zu Ritterorden, vermuten und könnten eine Erinnerung an die Militärzeit Trögers sein, die in dem erwähnten Nachruf aus dem Jahr 1942 genannt ist. Ein Portrait zeigt Tröger mit Pickelhaube und Orden im Jahr 1916 (Abb. 71), weitere Fotografien im Familienalbum zeigen ihn in Uniform.

Dass Tröger Pferden und Reiterei nahestand, wird auf dem Ganzporträt deutlich, „Julius Tröger, Gemälde von Gustav Hamann", das ihn in Reitkleidung abbildet (Abb. 65), sowie auf Fotografien von Pferd-Reiter-Darstellungen, die Tröger auf Sperber zeigen, in „Reitende Gruppe", 1921 (Abb. 83), oder „Julius Tröger auf Sperber" (Abb. 84, 85). Auf diesen Fotografien sind die beteiligten Reiter namentlich notiert, auch Reitpferde, die Tröger gemalt hat, „Sperber im Stall" (Abb. 86) und „Bess" (Abb. 87) sind benannt, einzelne Pferdebilder tragen keinen Namen (Abb. 88, 89).

Bestimmte Themen sind in Fotografien und zum Teil auch in Aquarellen und in Ölbildern dargestellt; „Zwei Häuser im Wald" (Abb. 90) mit unterschiedlichen Motiven oder Bäuerliche Szenen wie ein Fuhrgespann (Abb. 92, vgl. Abb. 23); eingebettet in erlebte Landschaften liegt das Dorf Braunlage; es ist in Öl und als Aquarell gemalt (Abb. 93, vgl. Abb. 11). Innenstädtische Häuser halten vermutlich Reiseeindrücke fest, die auf die Region Südtirol hindeuten (Abb. 94, 95, 96, vgl. Abb. 27). Nicht einordnen lässt sich „Ein Weidenbaum"; er zeigt sich als einzelnes Abbild (Abb. 91). Unter verändertem Blickwinkel richten sich ein Aquarell und ein Ölgemälde mit dem Motiv „Wald" auf die gleiche Stätte (Abb. 13, 14, 75). Auch Dora Löhr erscheint im Aquarellalbum (Abb. 59), und ist zugleich auf zahlreichen Fotografien der Familienalben abgebildet, so bei „Malen in der Natur", 1926 (Abb. 100); bei der Aufnahme „Im Atelier" (Abb. 101) zeichnet Tröger sie als junge Frau. Ein 2020 aufgefundenes Aquarell zeigt Dora Löhr in einem Interieur beim Sticken (Abb. 99). Die Stellung Dora Löhrs gab Anlass zu Vermutungen und wurde als Trögers Hausdame gedeutet. Dass eine enge Verbindung mit Julius Tröger bestand, bestätigt das Familienalbum, es zeigt Dora Löhr als Lebensgefährtin Trögers, mit fotografischen Aufnahmen die das Paar darstellen (Abb. 100, 101), auch bei familiären Stimmungen wie weihnachtliches Feiern, Picknick im Wald oder gemeinsames Musizieren; im Besonderen belegt dies jener mehrseitige persönliche Brief, den Tröger, am 4. April 1927 anlässlich ihres Geburtstages, an Dora Löhr richtete; dieser wird aufgrund seines privaten Anliegens nur mit der Schlusszeile, *„... in aufrichtiger Liebe und unerschütterlicher Treue mit herzl. Gruß Dein J. Tr.",* eingefügt (o. Abb., LMB 0,11).

Im Vergleich zeigen Motive der Ölgemälde, der Aquarelle und der Fotografien eine enge persönliche Bindung an die dargestellten Themen. Vor allem Trögers Selbstverständnis als Maler, die Verehrung seiner Lebensgefährtin Dora Löhr, seine Neigung zu Pferden und Reiterei, zu historischem Rittertum, die Nähe zu dem Interieur seines Hauses, zu erlebter Natur, zu ihm bekannten Gebäuden und Landschaften – sie tragen mit ihren Motiven dazu bei, den Zugang zu dem Lebensweg des Chemikers und Malers Julius Tröger zu vertiefen und weisen wie eingangs vermutet daraufhin, dass Tröger mit den Ölgemälden seine Lebenswelt gemalt hat und dies auch vielfältig in den Aquarellen des Albums anklingt. Offen bleibt die Frage, ob diese Ausrichtung für das gesamte malerische Schaffen Trögers eine Grundhaltung bildet. Denn wie aus den Familienalben deutlich wird, sind die hier behandelten Ölgemälde ein Ausschnitt aus einem Gesamtwerk, dessen Umfang und künstlerische Bewertung unbekannt sind. Aufnahmen des Ateliers halten Bilder fest, die nahelegen, dass sie von Tröger selbst stammen. Aufschlussreich ist hierzu die Fotografie „Im Atelier" (Abb. 101), die Gemälde zeigt, die sich unter den Ölgemälden befinden, so an der Rückwand des Ateliers „Reiter in historischer Uniform" (Abb. 99) und das teilweise sichtbare Gemälde „Interieur" (Abb. 74). Ein Frauenportrait könnte sich auf Dora Löhr beziehen (Abb. 59). Von Tröger als Maler in seinem Atelier zeugen mehrere Fotografien, auf denen er mit bestimmten Motiven festgehalten ist, mit einem großformatigen Bild, das eine Kutsche mit Gespann darstellt (Abb. 68), ein in den Aquarellen und auf Fotografien wiederkehrendes Motiv (Abb. 23), oder als Maler mit zwei Selbstportraits (Abb. 69). Sollten weitere Gemälde aufzufinden sein, so wird ihre Kenntnis mit Einsicht in die Familienalben Aufschluss darüber geben, ob Julius Tröger auch in seinem Gesamtwerk angestrebt hat, das zu verwirklichen was seine Aquarelle und Ölgemälde prägt – seine Neigungen in Bildern darzustellen.

**Abb. 66** Julius Tröger im Atelier als Maler

**Abb. 67** Interieur mit Malutensilien

**Abb. 68** Julius Tröger als Maler in seinem Atelier – Malen einer Kutsche, 1926

**Abb. 70** Julius Tröger, Porträt, 1924

**Abb. 69** Julius Tröger als Maler in seinem Atelier – mit zwei Selbstporträts, 1926

**Abb. 71** Porträt mit Pickelhaube und Orden, 1916

Abb. 72 Stillleben, Pfingstrosen in Glasvase

Abb. 73 Drei Gefäße

Abb. 74 Interieur

Abb. 75 Wald

Abb. 76 Wasserfall

**Abb. 77** Burg Kriebstein, Skizze

**Abb. 78** Ritter mit Standarte, Schloss Flechtingen

**Abb. 79** Schloss Flechtingen

**Abb. 80** Reiter in Ritterrüstung

**Abb. 81** Reitende Gruppe in historischer Reitkleidung

**Abb. 82** Kavallerie im Galopp

Abb. 83 Reitende Gruppe, 1921

Abb. 84 Julius Tröger auf Sperber

Abb. 85 Julius Tröger auf Sperber

Abb. 86 Pferd Sperber im Stall

Abb. 87 Pferd Bess

**Abb. 88** Pferd

**Abb. 89** Pferd an Krippe

**Abb. 90** Zwei Häuser im Wald

**Abb. 91** Ein Weidenbaum

Abb. 92 Fuhrwerk, Gespann auf Dorfstraße

**Abb. 93** Landschaft mit Braunlage

**Abb. 94** Innenstädtische Häuser, Gasthof „Wilder Mann"

**Abb. 95** Innenstädtische Häuser, mit Torbogen

**Abb. 96** Innenstädtische Häuser, im Winter

**Abb. 97** Interieur

**Abb. 98** Interieur, Dora Löhr (Aquarell)

**Abb. 99** Reiter in historischer Uniform, mit gezogener Waffe

**Abb. 100** Julius Tröger und Dora Löhr, Malen in der Natur, 1926

**Abb. 101** Im Atelier, 1926

# Anhang

## Aquarelle

| Nr. | Höhe x Breite (in cm) | Jahr | Signatur | Bildtitel/Anmerkungen |
|---|---|---|---|---|
| Abb. 10 | 12,0 x 18,0 | 1906 | Braunlage 1906 (mit Bleistift, u.l.) | Landschaft bei Braunlage im Harz |
| Abb. 11 | 17,5 x 11,8 | 1906 | Braunlage 1906 (mit Bleistift, u.l.) | [Landschaft mit Dorf] Braunlage |
| Abb. 12 | 11,9 x 18,0 | 1906 | Walkenried 1906 (mit Bleistift, u.l.) | [Klosterruine] Walkenried *(Abb. 360)* |
| Abb. 13 | 17,7 x11,5 | 1906 | 1906 (u.l.) | [Bach im Wald] *(Abb. 357)* |
| Abb. 14 | 18,0 x 11,5 | 1906 | Braunlage (u.l.) | [Wald] Braunlage *(Abb. 358)* |
| Abb. 15 | 14,2 x 11,0 | 1938 | J. Tröger 1938 (u.r.) | [Säulengang] Kloster Paulinzella [in Thüringen] |
| Abb. 16 | 16,5 x 10,5 | 1935 | J. Tr. 1935 (u.l.) | Westportal Kloster Paulinzella |
| Abb. 19 | 11,0 x 14,6 | 1938 | J. Tröger 1938 (u.l.) | Dorfhaus in Hude bei Oldenburg aus Steinen von Hünengräbern gebaut |
| Abb. 20 | 10,5 x 14,0 | 1940 | J. Tröger 1940 (u.l.)<br>Fallingbostel (u.r.) | Dorfhaus in Fallingbostel |
| Abb. 21 | 10,5 x 13,5 | 1941 | Tröger 1941 (u.r.) | Dorfhaus, Frontseite, zwei Frauen am Gartenzaun |
| Abb. 23 | 14,0 x 11,0 | 1937 | J. Tröger Aug. 1937 (u.l.) | [Pferde mit Fuhrwerk vor Bauernhaus] *(Abb. 363)* |
| Abb. 24 | 17,0 x 11,2 | 1935 | J. Tr. 1935 (u.l.)<br>Glacier de Taleret im Rhone Tal (o.r.) | Glacier de Taleret im Rhonetal *(Abb. 361)* |
| Abb. 25 | 16,8 x 10,8 | 1935 | J. Tr. 1935 (u.l.) | Waldmühle bei Stertzing *(Abb. 362)* |
| Abb. 26 | 11,0 x 14,7 | 1941 | Tröger 1941 (u.l.) | Altes Haus im Rhone-Tal bei Finhaut (Abb. 364) (Rückseite handschriftlich: Altes Haus im Rhone Tal bei Finhaut) |
| Abb. 27 | 16,7 x 10,7 | 1935 | J. Tr. 1935 (u.l.)<br>Stertzing in Tirol (u.r.) | [Marktstraße in] Stertzing in Tirol |
| Abb. 29 | 17,0 x 11,0 | 1935 | J. Tr. 1935 (u.l.)<br>Annecy in Savoyen (u.r.) | Annecy in Savoyen *(Abb. 365)* |
| Abb. 30 | 14,4 x 11,5 | 1938 | J. Tröger 1938 (u.r.) | [Rathaus in Saalfeld] *(Abb. 367)* |
| Abb. 33 | 17,3 x11,5 | 1936 | J. Tröger 1936 (u.l.)<br>Neujahr (u.r.) | Nachtwächter im Winter |
| Abb. 34 | 15,5 x 10,5 | 1936 | J. Tröger, Mai 1936 (u.r.) | Zwei Wanderer zur Rast |
| Abb. 35 | 22,5 x 17,4 | 1934 | J. Tröger 1934 (u.r.) | [Stadtszene in] Braunschweig *(Abb. 368)* |
| Abb. 36 | 17,2 11,0 | 1935 | J. Tr. 1935 (u.l.) | Straßenmusikanten |
| Abb. 37 | 10,8 x 12,8 | 1936 | J. Tröger (u.l.)<br>Mai 1936 (u.r.) | Puppentheater auf Platz mit Zuschauern |
| Abb. 38 | 14,0 x11,0 | 1938 | J. Tröger 1938 (u.l.) | Junger Mann, sitzend auf Parkbank unter einer Eiche |
| Abb. 39 | 17,0 x 11,0 | 1936 | J. Tröger 1936 (u.r.) | Jüngling, sitzend, Weinglas haltend |
| Abb. 40 | 16,8 x 10,9 | 1935 | J.Tr. 1935 (u.l.) | [Höfischer Jüngling überreicht Blumenstrauß an Dame] *(Abb. 370)* |
| Abb. 41 | 13,7 x 12,0 | 1936 | J. Tröger 1936 (u.r.) | Begegnung und Begrüßung |
| Abb. 42 | 16,5 x 10,8 | 1935 | J. Tr. 1935 (u.l.) | Paar im Gespräch am Kamin |
| Abb. 43 | 14,7 x 11,5 | 1937 | J. Tröger 1937 (u.l.) | Höfischer Herr hilft Dame aus der Karosse |

| Nr. | Höhe x Breite (in cm) | Jahr | Signatur | Bildtitel/Anmerkungen |
|---|---|---|---|---|
| Abb. 44 | 16,6 x 11,0 | 1935 | J. Tr. 1935 (u. l.) | Ehepaar, sitzend mit zwei Kindern |
| Abb. 45 | 14,7 x 9,5 | 1935 | J. Tröger 1935 (u. r.) | Verliebtes junges Paar |
| Abb. 46 | 15,2 x 9,5 | 1936 | J. Tröger 1936 (u. l.) | Zwei nackte Kinder, an der Tür wartend |
| Abb. 47 | 15,2 x 9,7 | 1936 | J. Tröger 1936 (u. r.)<br>Womit kann ich den Herrschaften dienen? (o. m.) | Zwei Kinder, sitzend und Diener, stehend |
| Abb. 48 | 13,0 x10,2 | 1942 | J. Tröger 1942 (u. r.) | [Der lesende alte Mann] *(Abb. 372)* |
| Abb. 49 | 12,0 x 9,5 | 1940 | J. Tröger 1940 (u. r.) | Mann und Frau mit Gitarre, abends am Tisch sitzend *(Abb. 359)* |
| Abb. 50 | 17,4 x11,0 | | Julius Tröger,<br>Dora Löhr | Generaloberarzt Dr. Hennig zum 60. Geburtstag |
| Abb. 51 | 12,0 x 6,5 | 1934 | Tr. 1934 (u. r.), 10.7.34 (u. l.)<br>Frau Generaloberarzt Dr. med. Hennig (o. m.) | |
| Abb. 52 | 12,4 x 6,5 | 1934 | J. Tr. 1934 (u. r.), 10.7.34 (u. l.)<br>Herr Generaloberarzt Dr. med. Hennig (o. m.) | |
| Abb. 53 | 12,7 x 9,3 | 1938 | J. Tröger 1938/39 (u. r.) | Geburtstagsgast mit Sektglas |
| Abb. 54 | 14,8 x 10,8 | 1935 | J. Tr. 1935 (u. l.)<br>Herzliche Glückwünsche zum 13ten Mai 1935 sendet J. Tröger (o. m.) | Glück wünschende Dame mit Blumenstrauß |
| Abb. 55 | 14,7 x 11,4 | 1937 | J. Tröger 1937 (u. l.) | Festgesellschaft und Diener mit Tablett |
| Abb. 56 | 11,0 x 9,0 | 1935 | J. Tröger 1935 (u. r.)<br>Frau Generaloberarzt Hennig (o. m.) | Festlich gekleidete Kinderschar |
| Abb. 57 | 11,0 x 8,0 | 1935 | J. Tröger 1935 (u. r.)<br>Herr Generaloberarzt Dr. med. Hennig (o. m.)<br>griechischer Text (u. m.) | Frau bedient vier Kinder am Geburtstagstisch |
| Abb. 58 | 13,2 x 10,0 | 1939 | Tröger 1939 (u. r.)<br>auf Spruchband:<br>Dem Geschwaderarzt bereite diese Wurst eine kleine Freude 9.5.39 (o. m.) | Frau überbringt eine Wurst auf dem Tablett |
| Abb. 59 | 10,3 x 14,4 | 1937 | J. Tröger 13ten Mai 1937 | Paar verbeugt sich zur Gratulation |
| Abb. 60 | 12,0 x 9,5 | 1940 | J. Tröger 1940 (u. l.)<br>(mit Bleistift ergänzt 9.5.40) | Geburtstaggesellschaft abends an der Festtafel |
| Abb. 61 | 12,0 x 9,0 | 1940 | J. Tröger 1940 (u. r.) | Festgesellschaft zur Soiree, mit Paar im Vordergrund |
| Abb. 62 | 14,5 x 12,0 | 1937 | J. Tröger 1937 (u. r.) | Reiter-Parade |
| Abb. 63 | 14,0 x 11,0 | 1941 | Tröger 1941 (u. l.) | Reiter, hoch zu Ross, winkend |
| Abb. 64 | 10,7 x 8,5 | 1935 | J. Tr. 1935 (u. l.) | Reiterin und Jüngling *(Abb. 366)* |

Abkürzungen: u. l. = unten links ; u. r. = unten rechts ; u. m. = unten mittig; o. r. = oben rechts; o. l. = oben links; o. m. = oben mittig. (Abb...) = Nummer der Abbildungen im „Postscriptum" (Autor Dr. Wolfgang Hönle)[5] in „Vom Doktoranden in Leipzig zum Chemieprofessor in Dresden – Chemische Wissenschaftsbrücken" Band 3. (Lothar Beyer, Wladimir Reschetilowski, Passage-Verlag Leipzig 2016). Die in eckige Klammern [..] gesetzten Bezeichnungen wurden von Dr. Wolfgang Hönle verfasst.

## Ölgemälde

| Nr. | Höhe x Breite (in cm) | Jahr | Signatur | Bildtitel/Anmerkungen |
|---|---|---|---|---|
| Abb. 66 | 25 x 18 | 1885 | sign. J. T. 85, nachgraviert | Julius Tröger im Atelier als Maler, Ganzkörper-Selbstportrait |
| Abb. 67 | 20,5 x 16 | | nicht signiert | Interieur mit Malutensilien |
| Abb. 72 | 22,5 x 19 | | sign. J. Tr. | Stillleben, Pfingstrosen in Glasvase |
| Abb. 73 | 28 x 30 | | sign. J. Tr. | Stillleben, Drei Gefäße, Rahmen aus der Zeit |
| Abb. 74 | 43 x 35 | 1928 | sign. J. Tr. | Interieur |
| Abb. 75 | 23 x 17 | | sign. J. Tr | Wald |
| Abb. 76 | 23 x 17 | | sign. J. Tr. | Wasserfall |
| Abb. 77 | 30 x 24 | | sign. J. Tr. | Burg Kriebstein, Skizze, Hinweis von Rainer Behrends |
| Abb. 78 | 25 x 20 | | sign. J. Tr. | Ritter mit Standarte, Schloss Flechtingen |
| Abb. 80 | 18,5 x 12 | | sign. (Kldf.* „Schrift mit Jahr am oberen Rand") Tr. | Reiter in Ritterrüstung |
| Abb. 81 | 23 x 30 | | sign. J. Tr. | Reitende Gruppe, in historische Reitkleidung |
| Abb. 82 | 28 x 35,5 | 1927 | sign. J. Tr. | Kavallerie im Galopp |
| Abb. 86 | 21 x 18 | | sign. J. Tr. (unscharf) | Pferd Sperber im Stall |
| Abb. 87 | 18 x 24 | | sign. J. Tr. | Pferd Bess |
| Abb. 88 | 17 x 24 | | nicht sign. | Pferd |
| Abb. 89 | 23 x 17 | | nicht sign. | Pferd an Krippe |
| Abb. 90 | 17 x 23,5 | | sign. J. Tr. | Zwei Häuser im Wald |
| Abb. 91 | 19 x 26,5 | | sign. (Kldf.* unter Leistenrahmen) | Ein Weidenbaum |
| Abb. 92 | 30 x 23,5 | | sign. J. Tr. | Fuhrwerk, Gespann, auf Dorfstraße |
| Abb. 93 | 18 x 14 | | sign. J. Tr. | Landschaft mit Braunlage |
| Abb. 94 | 22 x 16,5 | | sign. J. Tr. | Innenstädtische Häuser, Gasthof „Wilder Mann" |
| Abb. 95 | 20,5 x 16 | | sign. J. Tr. | Innenstädtische Häuser, mit Torbogen |
| Abb. 96 | 22,5 x 16,5 | | sign. J. Tr. | Innenstädtische Häuser, im Winter |
| Abb. 97 | 43 x 34 | 1928 | sign. J. Tr. | Interieur |
| Abb. 98 | 27 x 20 | | sign. J. Tröger, 10.10.192(.) | Dora Löhr, Interieur (Aquarell) im Jahr 2020 vorgefunden |
| Abb. 99 | 25 x 21 | | sign. J. Tr. | Reiter in historischer Uniform, mit gezogener Waffe |

Öl auf Leinwand, Rahmen überwiegend mit Holzplatte, zum Teil mit Faserplatte
Maße der Abb. 74, 80, 86–89, 91, Kldf.

* Kleindorfer, Erwin

## Literaturverzeichnis


1 Kern, Walther: Prof. Dr. Tröger, Braunschweig †. Pharmazeutische Zentralhalle 83 (1942) S. 431-432.
2 Tröger, Julius: Ueber einige mittelst nascierenden Formaldehyds entstehende Basen. Dissertation, Universität Leipzig 1887. Universitätsbibliothek Leipzig. Org. Chem. 50.
3 Tröger, Julius: Ueber einige mittelst nascierenden Formaldehyds entstehende Basen. Journal für praktische Chemie 36 (1887) S. 225-245.
4 Tröger, Julius: Über die Alkaloide der Angosturarinde. Pharmazeutische Zentralhalle 70 (1929) Nr. 14, S. 213-222, 229-234, 245-252.
5 Beyer, Lothar; Reschetilowski, Wladimir: Postscriptum. In: Vom Doktoranden in Leipzig zum Chemieprofessor in Dresden, Passage-Verlag Leipzig 2017, S. 402-405.
6 Tröger, Julius: Über die von den Alten in Kunst und Gewerbe benutzten Farben. Pharmazeutische Zentralhalle 72 (1931) S. 577-586, 593-601.
7 Neumann, Antje: Gustav Hermann Hamann (1868-1933). Ein vergessener Meister des Impressionismus. Katalog zur Sonderausstellung. Weimar, 2008.
8 Beyer, Lothar: Vom Doktoranden zum bedeutenden Chemiker, Band 1, Passage-Verlag Leipzig, 2005, S. 81-94.
9 Beyer, Lothar,; Hennig, Lothar: Julius Tröger. Entdecker der „Trögerschen Base". Produktiver Organiker und Pharmazeut. In: Beyer, Lothar; Hennig, Lothar: Vom Doktoranden zum bedeutenden Chemiker, Band 2, Passage-Verlag Leipzig 2015, S.161-202.
10 Tröger, Julius: Der Brennspiegel oder das Brennglas als Heizquellen bei chemischen Reaktionen in früherer Zeit. Pharmazeutische Zentralhalle 70 (1929) S. 357-359.
11 Tröger, Julius: Allerlei Merkwürdiges aus der chemischen Welt. Pharmazeutische Zentralhalle 70 (1929) S. 741-747, 758-763.
12 Tröger, Julius: Über Heilmittel und Heilkunde im Altertum. Pharmazeutische Zentralhalle 71 (1930) S. 65-70, 99-102.
13 Tröger, Julius: Über die Metalle und ihre Verwertung bei den Alten. Pharmazeutische Zentralhalle 71 (1930) S. 289-297, 306-313.
14 Tröger, Julius: Über einige im Altertum zu gewerblichen Zwecken verwendete Pflanzen. Pharmazeutische Zentralhalle 71 (1930) S. 593-598, 611-613, 628-631, 642-646.
15 Tröger, Julius: Wie durch die chemische Synthese gewisse Naturprodukte ganz oder teilweise verdrängt worden sind. Pharmazeutische Zentralhalle 72 (1931) S. 177-185, 197-202, 212-215.
16 Tröger, Julius: Über die in früherer Zeit zur Bestimmung von Kohlen- und Wasserstoff in organischen Verbindungen benutzten Methoden. Pharmazeutische Zentralhalle 73(1932) S. 239—244, 258-261.
17 Tröger, Julius: Über die vielseitige Wirkung und Verwendung der Salpetersäure. Pharmazeutische Zentralhalle 73 (1932) S. 326-344, 358-363, 375-392.
18 Fiedermutz-Laun, Annemarie: Erinnerungen. Unveröffentlichtes Skript, 2023. Persönliche Mitteilung.
19 Prelog, Vladimir; Wieland P.: Über die Spaltung der Trögerschen Base in optische Antipoden. Ein Beitrag zur Stereochemie des dreiwertigen Stickstoffs. Helvetica chimica Acta 27 (1944) S. 1127-1134.
20 sci-finder? „Trogers base", 1043 Referate (Abruf: 18.03.2024).
21 sci-finder? „Julius Tröger" 140 Referate (Abruf: 18.03.2024)
22 a) Späth, Ernst; Brunner, Otto: Über die Angostura-Alkaloide I. Synthese des Cusparins. Berichte der Deutschen Chemischen Gesellschaft 57 (1924) S. 1243-1251.
b) Späth, Ernst; Brunner, Otto: Über die Angostura-Alkaloide II. Synthese des Galipins. Berichte der Deutschen Chemischen Gesellschaft 57 (1924) S. 1687-1690.
23 Braunschweigische Landeszeitung vom 22. März 1928.
24 https://de.wikipedia.org/wiki/Naturalis_historia (Abruf: 20.03.2024).
25 a) Deutsche Übersetzung von Johann Daniel Denso (Digitalisat): Bücher 1-16 (Band 1, 1764) und Bücher 17-37 (Band 2, 1765)
b) Detlef Detlefsen (Hrsg.): C. Plinii Secundi Naturalis historia. I-VI (in 3 Bänden). Weidmann, Berlin 1866-1882.
26 https://www.gdch.de/gdch/stiftungen/wolfgang-j-hoenle-stiftung.html (Abruf: 1.2.2025). https://www.cpfs.mpg.de/3476446/20230307 (Abruf: 1.2.2025)


## Abbildungsverzeichnis / Quellen

**Abb. 1 Julius Tröger** 9[S. 164], Ausschnitt Abb. 116
**Abb. 2 Formelbild der Trögerschen Base** 9[S. 184]
**Abb. 3 Enantiomere der Trögerschen Base** Helv. Chim. Acta 27 (1944) S. 1127-1134
**Abb. 4 Inhaltsstoffe der Angostura-Rinde** Schema 23, 9[S. 201]
**Abb. 5 Plinius der Ältere** https://de.wikipedia.org/wiki/Plinius_der Ältere (gemeinfrei)
**Abb. 6 Historia Naturalis** https://de.wikipedia.org/wiki/Plinius_der Ältere (gemeinfrei)
**Abb. 7 Georg Ebers** https://commons.wikimedia.org/wiki/File:Georg_Ebers (gemeinfrei)
**Abb. 8 Papyrus Ebers** Universitätsbibliothek Leipzig
**Abb. 8-1 Thronsessel von Tutanchamun** https://upload.wikimedia.org/wikipedia/commons/9/92/GD-EG-Caire-Mus%C3%A9e159.JPG
**Abb. 8-2 Davy-Grubenlampe** https://www.leifiphysik.de/waermelehre/waermetransport/geschichte/die-sichere-grubenlampe
**Abb. 8-3 Döbereiner-Feuerzeug** https://de.wikipedia.org/wiki/Platinfeuerzeug
**Abb. 8-4 Lapis lazuli** privat (Herkunft: Chile), Foto: Lothar Beyer
**Abb. 8-5 Malachit** privat (Herkunft: Südafrika), Foto: Lothar Beyer
**Abb. 8-6 Fresco „Sappho", Pompeji** https://www.worldhistory.org/collection/228/20-frescoes-from-pompeii/#gallery_wrapper
**Abb. 9 Aquarellalbum im Schuber** Foto: Lothar Beyer
**Abb. 17 Klosterruine Paulinzella** Foto: Werner Holzner
**Abb. 18 Klosterruine Paulinzella** https://commons.wikimedia.org/wiki/File:Kloster_Paulinzella,_Th%C3%BCringen,_170316,_ako_(6).jpg?uselang=de, Foto: Ansgar Koreng/wiki
**Abb. 22 Archäologisches Museum in Fallingbostel** https://www.lueneburger-heide-attraktionen.de/bad-fallingbostel.php
**Abb. 28 Marktstraße in Sterzing** http://bilder.tibs.at/node/1838 Foto: Reinhold Embacher
**Abb. 31 Annecy in Savoyen** https://www.google.com/search?client=firefox-b-d&sca_esv=077ea0a66320161e&q=Annecy+in+Savoyen&udm=2&fbs=ABzOT_DDfJxgmsKFlwrWKcoyw2Rf7ED7CYyDAoR-z3agYV (bearb)
**Abb. 32 Rathaus in Saalfeld** https://commons.wikimedia.org/wiki/File:Rathaus_in_Saalfeld (gemeinfrei)
**Abb. 65 Julius Tröger. Gemälde von Gustav Hamann** Stadtmuseum Weimar (wU 17355)

## Fotografien

Fotografien aus den „Familienalben Julius Tröger und Dora Löhr", LMB 34990, 34995
Landesmuseen Braunschweig (LMB), Reproduktion Anja Pröhle
Die Recherchen in den Familienalben der Landesmuseen Braunschweig war Annemarie Fiedermutz-Laun 2018 dank der Unterstützung von Wulf Otte, Leitung Zeitgeschichte, möglich; die Auswahl und Übermittlung der für den Druck ausgewählten Fotografien erfolgte im Jahr 2025 im Kontakt mit Christoph Bongert, Leitung Zeitgeschichte, mit herzlichem Dank für die wertvollen Hinweise zur Datierung der Archivalien.

**Abb. 68 Julius Tröger als Maler in seinem Atelier, Ganzkörper-Porträt, Malen einer Kutsche, Selbstporträt** LMB
**Abb. 69 Julius Tröger als Maler in seinem Atelier** LMB
**Abb. 70 Julius Tröger, Porträt** LMB
**Abb. 71 Porträt, mit Pickelhaube und Orden** LMB
**Abb. 79 Schloss Flechtingen** LMB
**Abb. 83 Reitende Gruppe, Julius Tröger** LMB
**Abb. 84 Julius Tröger auf Sperber** LMB
**Abb. 85 Julius Tröger auf Sperber** LMB
**Abb. 100 Julius Tröger und Dora Löhr, Malen in der Natur** LMB
**Abb. 101 Im Atelier** LMB
**o. Abb. 011, Brief Julius Tröger an Dora Löhr, 4.4.1927** LMB

## Der Herausgeber und Autor

Prof. Dr. Dr. h. c. Lothar Beyer ist Professor im Ruhestand an der Universität Leipzig. Er studierte Chemie an der Karl-Marx-Universität Leipzig, promovierte 1965 und habilitierte sich hier 1978/1991 (Dr. sc. nat./Dr. habil.) als wissenschaftlicher Assistent über Themen der Koordinationschemie. Von 1970 bis 1972 wirkte er als Gastdozent an der Chemischen Fakultät der Universität Montevideo/Uruguay. Er wurde 1982 als Dozent und 1986 als Professor für Chemie an die TH Leipzig berufen, wirkte kurzzeitig 1992/93 als Professor neuen Rechts an deren Nachfolgehochschule HTWK Leipzig und wechselte 1993 als C4-Professor für Anorganische Chemie an die Universität Leipzig, der er bis zum Eintritt in den Altersruhestand im Jahre 2002 angehörte. Zahlreiche Lehr- und Forschungsaufenthalte führten ihn an Universitäten in Lima und Cusco/Peru, Bogota/Kolumbien, Madrid und Barcelona/Spanien. Schwerpunkte in Lehre und Forschung waren die Anorganische Chemie mit dem Fokus auf Koordinationschemie und Bioanorganische Chemie und ist gegenwärtig die Geschichte der Chemie.

## Die Autorin

Prof. Dr. Annemarie Fiedermutz-Laun ist emeritierte Professorin an der Universität Münster. Sie studierte Ethnologie, Soziologie, Wirtschaftsgeographie und Afrikanistik in Mainz, Frankfurt am Main und München. Im Jahr 1970 promovierte sie mit einer Arbeit über Adolf Bastian, Begründer der Ethnologie im deutschsprachigen Raum. Nach Gastdozenturen von 1972 bis 1979 arbeitete sie bis 1986 als wissenschaftliche Mitarbeiterin am Frobenius-Institut. Nach mehrjähriger ethnologischer Feldforschung in Burkina Faso (Westafrika) habilitierte sie sich 1990 an der Ludwig-Maximilians-Universität München zum Thema „Lehmarchitektur und Lehmkomplex in Westafrika". Von 1992 bis zu ihrer Emeritierung im Jahr 2004 hatte sie eine C3-Professur am Institut für Ethnologie der Universität Münster inne. Schwerpunkte ihrer Lehre und Forschung waren Geschichte der Ethnologie, Religionsethnologie, Kunst und materielle Kultur sowie Medizinethnologie, mit einem regionalen Fokus auf Afrika.

## Dank

Die Autoren danken dem Stiftungsrat der Johannes Wolfgang-Hönle-Stiftung „Kunst und Chemie" bei der Gesellschaft Deutscher Chemiker unter dem Vorsitz von Frau Prof. Dr. Dr. h. c. mult. Evamarie Hey-Hawkins, und dem Stifter, Herrn Dr. Johannes Wolfgang Hönle, für die großzügige Finanzierung des Buchvorhabens, die die Drucklegung des Werkes ermöglicht hat. Darüber hinaus gilt dem Stifter der persönliche Dank für die Schenkung des „Aquarellalbums Julius Tröger" an die Chemiehistorische Sammlung der Fakultät für Chemie der Universität Leipzig.

Für die fotografischen Reproduktionen aus den Landesmuseen Braunschweig sagt Annemarie Fiedermutz-Laun Herrn Christoph Bongert, Leitung Zeitgeschichte, und Frau Anja Pöhle, Fotografin, persönlich herzlichen Dank, dem sich Lothar Beyer anschließt.

Bei dem Archivieren der Ölgemälde und der Erstellung des Katalogs war die Hilfe von Antonia und Kilian Fiedermutz wertvoll. Dafür wird herzlich gedankt.

Ein Dank gilt Herrn Diplomkunsthistoriker Rainer Behrends, Kustos der Universität Leipzig im Ruhestand, für sein stetes Interesse und wertvolle Hinweise.

Die Autoren danken Herrn Diplom-Grafiker Thomas Liebscher, Leiter des Passage-Verlages Leipzig, zusammen mit der Mitarbeiterin, Frau Susanne Hofmann, für die bewährte Gestaltung des Buchdruckes, und Lothar Beyer dankt darüber hinaus für die jahrelang bewährte, jederzeit konstruktive und hilfreiche, Zusammenarbeit.

## Impressum

**Herausgeber**
Lothar Beyer

**Satz/Layout**
Passage Verlag Leipzig/
Susanne Hofmann

**Druck**
fronte s.r.o.

Passage-Verlag 2025
ISBN 978-3-95415-171-4

Titelgestaltung unter Verwendung von Ausschnitten aus dem Gemälde „Julius Tröger im Atelier als Maler" (Abb. 66) und dem Formelbild der Trögerschen Base

Abbildung auf dem Rücktitel: Abb. 12 „Klosterruine Walkenried"

Mit freundlicher Unterstützung von

Wolfgang Johannes Hönle-Stiftung Kunst und Chemie

GDCh Gesellschaft Deutscher Chemiker